隼戦闘機隊

Hayabusa Fighter Group

陸軍戦闘隊の花形 † 飛行第50戦隊

The Pictorial Brief History of the 50th Sentai

Hayabusa

大日本絵画

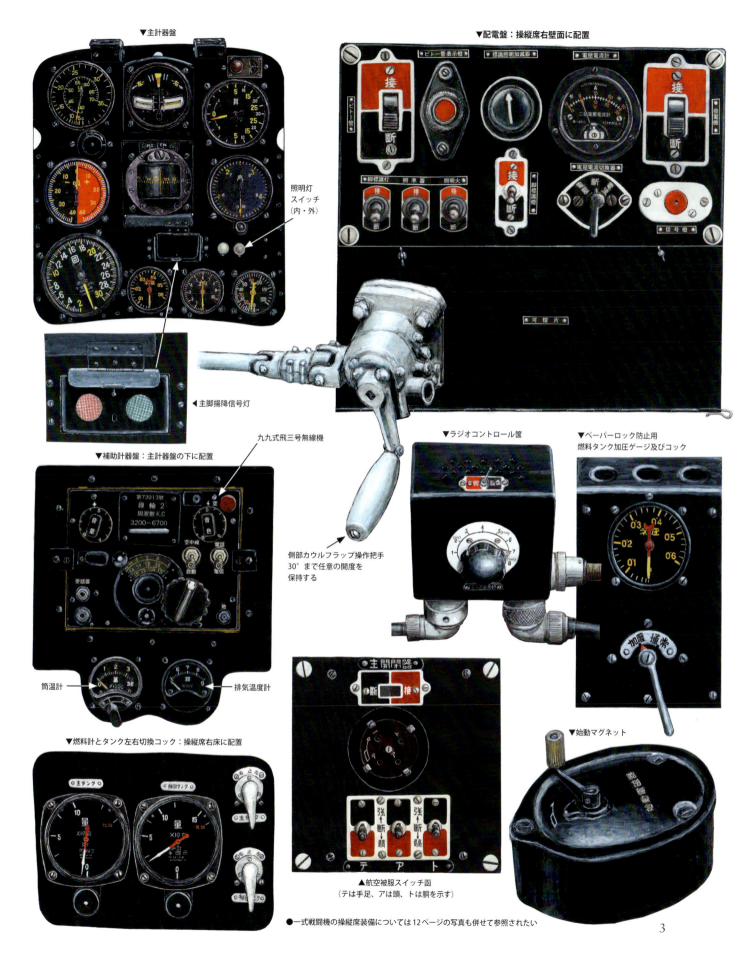

日本陸軍一式戦闘機一型 隼

Ki-43-I

基本塗装と飛行第50戦隊のマーキング
Painting Schemes and Markings of I.J.A. 50th F's HAYABUSA

イラスト・解説／吉野泰貴
Color illustrations & text by Yasutaka YOSHINO

昭和16年5月に陸軍兵器として制式制定されたとはいえ、太平洋戦争の開戦時にはわずかに2個戦隊だけで使用されていた一式戦闘機。昭和17年3月にその愛称である"隼"とともに新型戦闘機として公表されると、ほぼ同時に各部隊へ供給され始めた。ここで中島飛行機の工場で完成した状態の基本的な塗装例と、飛行第50戦隊におけるマーキングを見ておこう。

1. 一式戦闘機一型
   中島飛行機ロールアウト時

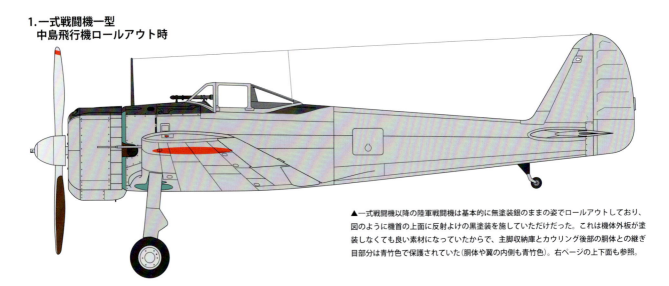

▲一式戦闘機以降の陸軍戦闘機は基本的に無塗装銀のままの姿でロールアウトしており、図のように機首の上面に反射よけの黒塗装を施していただけだった。これは機体外板が塗装しなくても良い素材になっていたからで、主脚収納庫とカウリング後部の胴体との継ぎ目部分は青竹色で保護されていた（胴体や翼の内側も青竹色）。右ページの上下面も参照。

2. 一式戦闘機一型
   中島飛行機ロールアウト時（昭和17年秋以降）

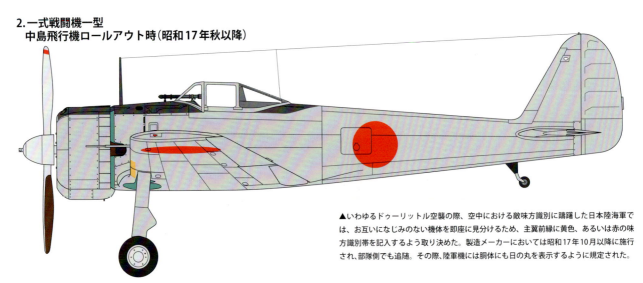

▲いわゆるドゥーリットル空襲の際、空中における敵味方識別に躊躇した日本陸海軍では、お互いになじみのない機体を即座に見分けるため、主翼前縁に黄色、あるいは赤の味方識別帯を記入するよう取り決めた。製造メーカーにおいては昭和17年10月以降に施行され、部隊側でも追随。その際、陸軍機には胴体にも日の丸を表示するように規定された。

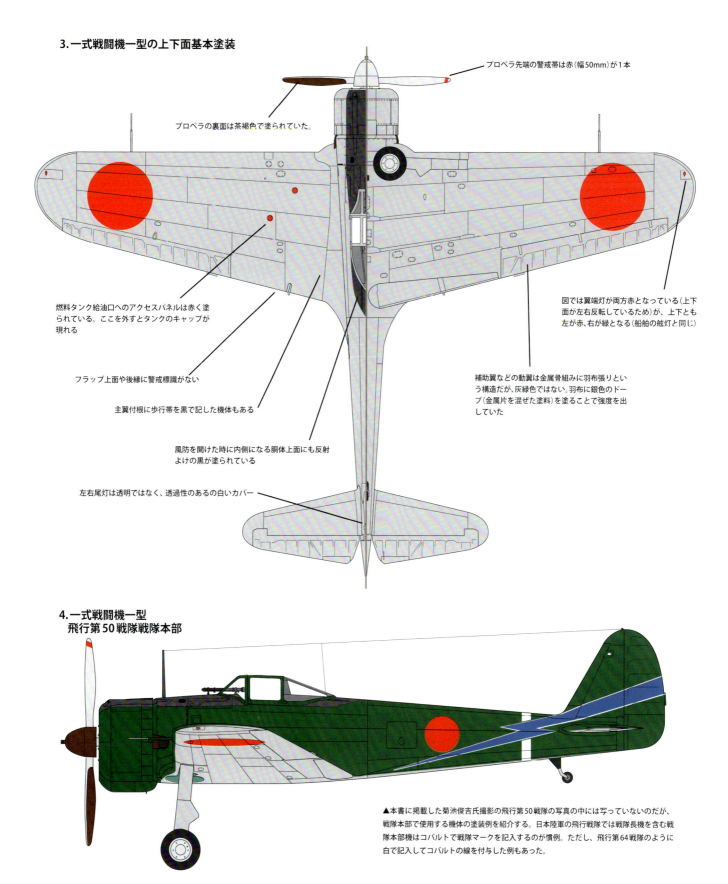

5. 一式戦闘機一型
　飛行第50戦隊第1中隊

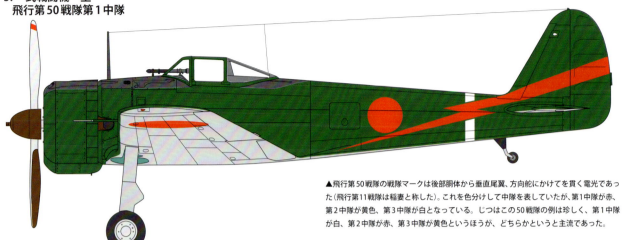

▲飛行第50戦隊の戦隊マークは後部胴体から垂直尾翼、方向舵にかけてを貫く電光であった（飛行第11戦隊は稲妻と称した）。これを色分けして中隊を表していたが、第1中隊が赤、第2中隊が黄色、第3中隊が白となっている。じつはこの50戦隊の例は珍しく、第1中隊が白、第2中隊が赤、第3中隊が黄色というほうが、どちらかというと主流であった。

6. 一式戦闘機一型
　飛行第50戦隊第2中隊

▲こちらは戦隊マークを黄色で記入した飛行第50戦隊第2中隊の例。垂直安定板部分の戦隊マークは複雑に折れ曲がって方向舵後縁へつなげられている（ただの直線だとうまく記入できない）。胴体日の丸は塗装図2の例と違って正規のサイズより小さく、後ろ寄りなのだが、そもそも50戦隊の胴体日の丸導入は独自で、早い時期から実施されていた。

7. 一式戦闘機一型
　飛行第50戦隊第3中隊

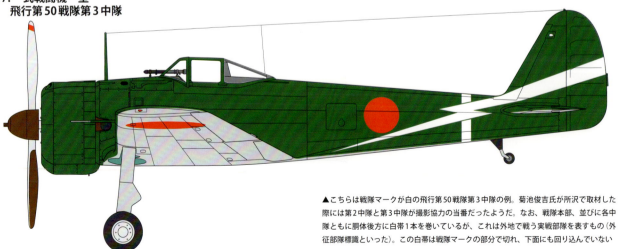

▲こちらは戦隊マークが白の飛行第50戦隊第3中隊の例。菊池俊吉氏が所沢で取材した際には第2中隊と第3中隊が撮影協力の当番だったようだ。なお、戦隊本部、並びに各中隊ともに胴体後方に白帯1本を巻いているが、これは外地で戦う実戦部隊を表すもの（外征部隊標識といった）。この白帯は戦隊マークの部分で切れ、下面にも回り込んでいない

8. 一式戦闘機一型
飛行第50戦隊第2中隊〔製造番号第434号機〕

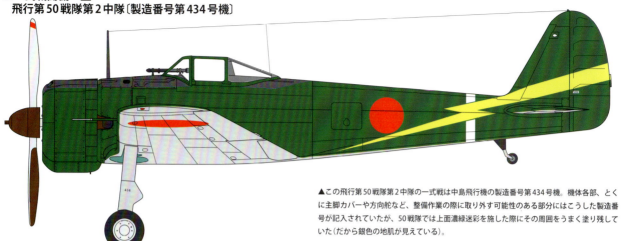

▲この飛行第50戦隊第2中隊の一式戦は中島飛行機の製造番号第434号機。機体各部、とくに主脚カバーや方向舵など、整備作業の際に取り外す可能性のある部分にはこうした製造番号が記入されていたが、50戦隊では上面濃緑迷彩を施した際にその周囲をうまく塗り残していた（だから銀色の地肌が見えている）。

9. 一式戦闘機一型
飛行第50戦隊第2中隊〔製造番号第438号機〕

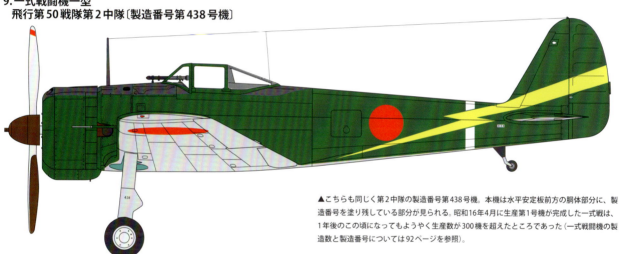

▲こちらも同じく第2中隊の製造番号第438号機。本機は水平安定板前方の胴体部分に、製造番号を塗り残している部分が見られる。昭和16年4月に生産第1号機が完成した一式戦は、1年後のこの頃になってもようやく生産数が300機を超えたところであった（一式戦闘機の製造数と製造番号については92ページを参照）。

10. 一式戦闘機一型
飛行第50戦隊第3中隊

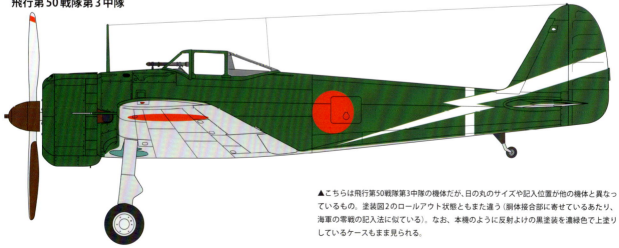

▲こちらは飛行第50戦隊第3中隊の機体だが、日の丸のサイズや記入位置が他の機体と異なっているもの。塗装図2のロールアウト状態ともまた違う（胴体接合部に寄せているあたり、海軍の零戦の記入法に似ている）。なお、本機のように反射よけの黒塗装を濃緑色で上塗りしているケースもまま見られる。

11. 一式戦闘機一型
　　飛行第50戦隊第3中隊〔製造番号第405号機〕

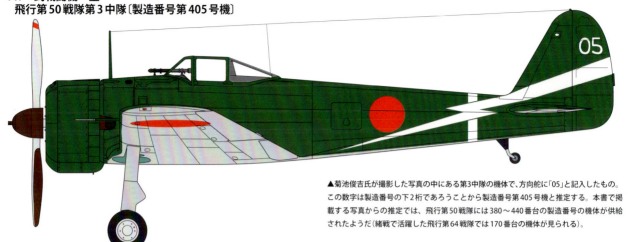

▲菊池俊吉氏が撮影した写真の中にある第3中隊の機体で、方向舵に「05」と記入したもの。この数字は製造番号の下2桁であろうことから製造番号第405号機と推定する。本書で掲載する写真からの推定では、飛行第50戦隊には380〜440番台の製造番号の機体が供給されたようだ（緒戦で活躍した飛行第64戦隊では170番台の機体が見られる）。

12. 一式戦闘機一型
　　飛行第50戦隊第3中隊〔製造番号第419号機〕

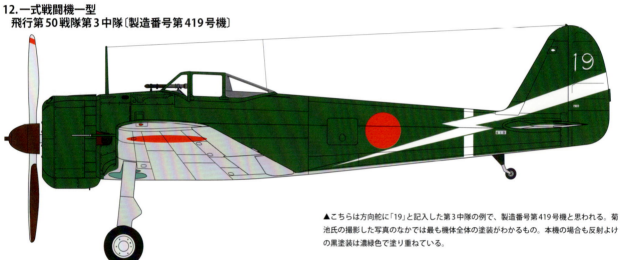

▲こちらは方向舵に「19」と記入した第3中隊の例で、製造番号第419号機と思われる。菊池氏の撮影した写真のなかでは最も機体全体の塗装がわかるもの。本機の場合も反射よけの黒塗装は濃緑色で塗り重ねている。

13. 一式戦闘機一型
　　飛行第50戦隊第3中隊〔製造番号第389号機〕

▲同じく第3中隊の機体で菊池氏の撮影した写真では図12の「19」号機の奥に写っているもの。方向舵に書かれた「89」から製造第389号機と推定する。図では反射よけの黒塗装を記入したままとしているが、この部分は写真に写っていないので適宜判断されたい。このほか「22」（製造番号第422号機と推定）と記入した機体の写真も存在する。

14. 一式戦闘機一型
飛行第50戦隊第1中隊　佐々木勇軍曹機

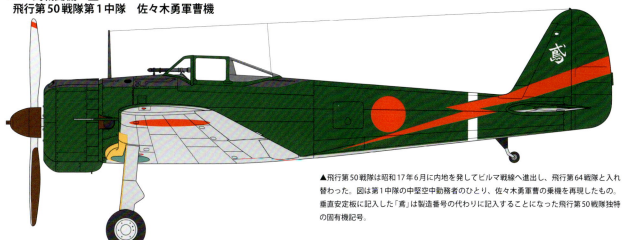

▲飛行第50戦隊は昭和17年6月に内地を発してビルマ戦線へ進出し、飛行第64戦隊と入れ替わった。図は第1中隊の中堅空中勤務者のひとり、佐々木勇軍曹の乗機を再現したもの。垂直安定板に記入した「鳶」は製造番号の代わりに記入することになった飛行第50戦隊独特の固有機記号。

15. 一式戦闘機一型
飛行第50戦隊第2中隊　下川幸雄軍曹機

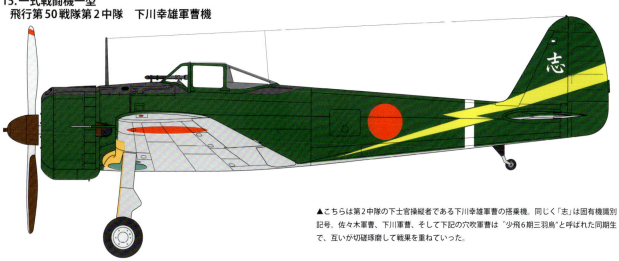

▲こちらは第2中隊の下士官操縦者である下川幸雄軍曹の搭乗機。同じく「志」は固有機識別記号。佐々木軍曹、下川軍曹、そして下記の穴吹軍曹は〝少飛6期三羽烏〟と呼ばれた同期生で、互いが切磋琢磨して戦果を重ねていった。

16. 一式戦闘機一型

飛行第50戦隊第3中隊　穴吹智軍曹機

▲第3中隊の下士官操縦者である穴吹智軍曹は飛行第50戦隊を代表する多数機撃墜者のひとり。固有機記号は方向舵下に書かれているが「吹雪」の吹は自らの苗字とかけたもの。御本人の回想にもとづき、垂直安定板上部にイギリスの国籍マークをかたどった撃墜マークを記入していた状態を再現している。写真の発掘が待たれる機体といえるだろう。

日本陸軍一式戦闘機一型〔製造番号第750号機〕
現存実機のディテール

写真／ジム・ラーセン、清水郁郎
解説／吉野泰貴
photos by Ikuo SHIMIZU, Jim LARSEN
text by Yasutaka YOSHINO

当時は海軍の零戦より有名だった"隼"だが、現存実機という点ではとくに恵まれていない存在だ。ここではアメリカのフライングヘリテージ＆コンバットアーマーミュージアム（FHCAMと略）に収蔵されている貴重な一式戦闘機一型のディテールを見てみよう。

▲▼FHCAMのハンガーから引き出されてきた一式戦闘機一型〔製造番号第750号機〕。終戦直後にラバウルでオーストラリア空軍に接収され、日本側の手により整備されたうえで引き渡された機体。レストアの際に元の塗装をなぞっていった結果、写真のように飛行第11戦隊第2中隊の所属機であることがわかった。黄色い3本線は3番機を表す標識といわれる。

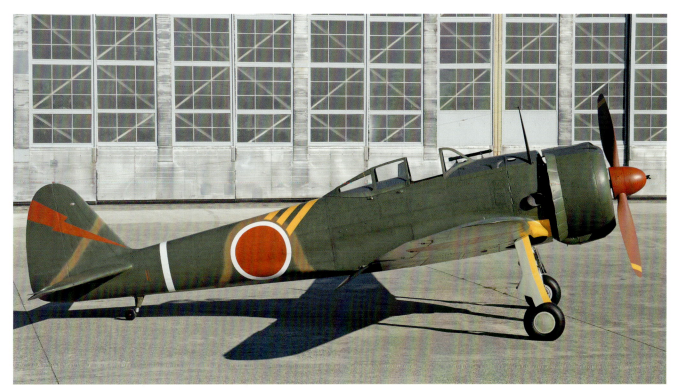

▲一式戦闘機を右真横から撮影したものでその側面形がよく観察でき、カウリング上部から操縦席にかけて上り坂になったラインが見て取れる。これは視界確保のためだったが、機関砲を搭載するための容積が足らなくなり、胴体上面にバルジを設ける結果となった。このため、二型では機首上面のラインも大きく変わることとなる。

◀▲機首をアップする。このプロペラの位置が、一式戦一型の正式なエンジン起動時のものとなる。一型のプロペラは住友ハミルトンの油圧定速式、直径2.9mのもの。スピナーは第2中隊を表す赤で塗装されている。プロペラは茶褐色で、先端から50mmの位置に、幅50mmの黄橙色の警戒標識を記入している（初期にはプロペラブレードは無塗装銀で、警戒標識は赤だった）。環状滑油冷却器は二型になっても採用されていたが容量不足で、のちに機首下面に移設されるようになる。

▲▶操縦席左側付近。前部固定風防から突き出るのは八九式固定機関銃用照準具。望遠鏡のような形だが倍率は1倍（見たままの状態）で、操縦者が直接、目を当てて中の目盛りを利用し、見越し射撃をした。固定風防後端の枠に都合3ヶ所の切り欠きがあるがこれは純正の仕様で、破損ではない（92〜93ページの写真を参照）。可動風防の前部枠には転倒時の保護を兼ねた補強材が付いている。右は先端のキャップを外した状態（風防内のレバー位置に注意）。

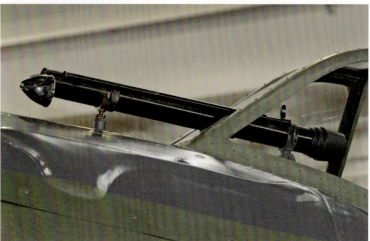

▲可動風防を後方より見る。本来、一型の可動風防の後ろ側のアクリルガラスには内側に補強用の枠がつき、外側に窓枠はないのだが、本機には頑丈な横枠が設けられている。終戦直後に撮影された写真もこの状態で、レストア の際にいい加減にされたのではなく、当時からこの形に補修されていたことになる。

▶右後方から見た可動風防とその周辺。ヘッドレストの軽め穴が見えている。胴体から白く突き出ているのは無線空中線の引き込みポール、その前のバルジは胴体燃料タンクの空気抜き。

▲無線空中線の引き込みポールの拡大。円錐形の白い部分は空中線を胴体から遠ざけ、かつ絶縁の碍子を兼ねている。

▲同じく胴体右側の空気抜き部分の拡大の拡大。涙滴状のバルジの前部に穴が開けられているのがわかる。

▲一式戦闘機一型のコクピットを見る。離陸の際に操縦席から腰を浮かせて前方をうかがうような "たぎる" 画角だ。ご覧のように前部固定風防の断面形は台形（というより長方形に近い？）で、作りも非常に簡素なもの。本写真と合わせて2〜3ページの佐藤邦彦氏のイラストをご覧いただくと細部の様子がご理解いただけるはずだ。

◀FHCAMの一式戦闘機には写真に見られるようなロープ（革製の編紐）が取り付けられているが、これもまた純正の装備だ。一式戦闘機も他の機体と同様、左側から乗り込むのが一般的だったが、胴体に零戦のような「手掛け」や「足掛け」の装備がなく、その代わりとしてロープが設けられていたのである（海軍機でも水上機にはこうした装備が見られる）。

●本ページ写真全て：一式戦闘機一型の主脚を見る。陸軍戦闘機としては初の試みとなった引き込み式主脚の採用だが、こうしてみると日本海軍の艦上機として初の引き込み式主脚となった九七式一号艦上攻撃機（同じ中島飛行機の設計）と同様なスタイルであることが読み取れる。途中で折れ曲がるカバーの処理など（九七艦攻は山形に折れ曲がったが）はそれが最も色濃いところといえるだろう。この角度からだとカウリング後端につながる胴体先端部がいわゆる青竹色で塗装されていることがわかる。これはメーカー純正の仕様といえ、主脚収納部のように"外側に接する機体内部"に施された一種の保護塗装だった。

◀垂直尾翼は九七式戦闘機からあまり変わり映えしない部分のひとつ。陸軍機の場合、尾灯はこのように垂直安定板の上部両側に配されるのが一般的。戦隊マークの稲妻を見て気がついた方もいるかと思うが、我が国に現存する四式戦闘機と本機は、時期は違えど同じ飛行第11戦隊の所属機であるという奇遇だ。

▲舗装した滑走路で使用することを考慮していない九七式戦闘機の尾脚はソリだったが、一式戦闘機では車輪に変わっている。ただし、写真で見るようにフォークが片側にしかないのが特徴。上部には泥除けのキャンバス地のカバーが付いた。

◀後方から見た水平尾翼。昇降舵の外側、水平安定板に食い込む形の部分にはマスバランスが入っており、操舵を補助する。なお、この部分、一型では曲線状だが、二型では直線的なデザインになっている。主翼後縁から飛び出るように作動した本機のファウラーフラップは、その形状から"蝶型フラップ"の名で親しまれた。

▼左前上方から見た一式戦闘機一型。主翼付け根は引き込み式主脚のタイヤハウスを兼ねており、曲線状に飛び出ている。鮮やかな主翼前縁の黄橙色は昭和17(1942)年10月から導入された日本陸海軍に共通の味方識別帯で、主脚のカバーにも大きくオーバーラップする。濃緑色と黄土色の雲形迷彩のパターンも当時の塗装を丹念になぞったものだ。

写真／ジム・ラーセン
解説／清水郁郎
photos by Jim LARSEN
text by Ikuo SHIMIZU

ポール・アレンの遺産
フライングヘリテージ＆コンバットアーマーミュージアム

▲所蔵した当時にFHCのハンガー前で撮影された一式戦（現在では壁面のロゴが変わっている）。後方は複座仕様の零戦二二型で、こちらは年に何度か飛行する姿を披露している。

マイクロソフト社の共同創業者としてその名を知られるポール・アレン氏は2018年にこの世を去ったが、生前から戦争遺産を後世に残す文化事業にその資産を惜しみなく投じて来た。第二次世界大戦を展開した日独米英ソの5ヶ国の航空機や戦闘車両にフォーカスしたのがフライングヘリテージ＆コンバットアーマーミュージアム（FHCAM）である。

まだ記憶に新しい、戦艦「武蔵」や2019年初頭の空母「ホーネット」の海底での発見はポール・アレン氏の文化事業の一環。子供のころから航空機に強い関心を持っていた彼は、大戦中の急速な技術革新と、それを担った日独米英ソ5ヶ国の航空機や戦闘車両に焦点を当て、1998年からその収蔵を始めた。

そして2008年、ペインフィールドに航空機を中心にしたフライングヘリテージコレクション（FHC）を開き、日本の2機（零戦と一式戦闘機）を含む5ヶ国の著名な航空機を展示、その多くを毎年のイベントで飛行させてきた。その後、戦闘車両も増え展示館も増設、2018年にフライングヘリテージ＆コンバットアーマーミュージアム（FHCAM）と改称し、現在は26機の航空機と、日本の九五式軽戦車を含め25両もの戦闘車両を展示している。また5ヶ国の当時の搭乗員などの声を記録したアーカイブを揃え、国家間の紛争や世界大戦が始まった背景などを最新の映像・デジタル技術を駆使して子どもたちにも分かりやすい独自の展示をするなど、ユニークな博物館として評価されている。

■アクセス
　FHCAMはシアトル国際空港から車で北に40分ほど、エヴァレット市のペインフィールド空港にある。巨大航空機メーカー・ボーイング社の工場見学のビジターセンターや、ヒストリックフライトファンデーション博物館も同空港にあり、運が良ければ頻繁に日本から飛んでくるB747改造の大型輸送機〝ドリームリフター〟の離着も見られるかもしれない。
　毎年、魅力のある飛行機が集まる「ペインフィールドアビエーションデイ」や、5月の最後の週末にはWWIIの各国の戦車などが走り回る「タンクフェスタ」も開催している。
　戦没者追悼記念日の5月最終月曜日から11月最後の週末までは毎日オープン。それ以外の期間は月曜日が定休。クリスマスと感謝祭の週末は閉館。
　開館時間は10時から17時まで。

所在：3407 109th St SW, Everett, WA 98204 U.S.A.
http://flyingheritage.org

▲ハンガー前に勢ぞろいしたアライド（連合国）＆アクシズ（枢軸国）戦闘機たち。FHCAMでは5ヶ国の航空機と戦闘車両を戦争遺産として収集、保存することを目的としている。

隼戦闘機隊
陸軍戦闘隊の花形 飛行第50戦隊

【目次】

九二式航空兵器観察筺【第0005號】	2
日本陸軍一式戦闘機一型 隼 装備部隊の塗装とマーキング	4
一式戦闘機一型 現存実機のディテール	10
ポール・アレンの遺産 フライングヘリテージ&コンバットアーマーミュージアム	16
はじめに	18
◆第1部 所沢の陸軍飛行第50戦隊〔撮影／菊池俊吉〕	19
威風堂々、陸軍"隼"戦闘隊	20
躍動する一式戦闘機たち	32
いざ、大空へ！	48
陸軍飛行第50戦隊 空中勤務者たちの群像	68
◆第2部 資料編	81
陸軍飛行第50戦隊小史	82
FHCAM所有の一式戦一型〔製造第750号機〕発見から修復、保存の経緯	90
一式戦闘機一型の製造番号と供給部隊	92

所沢飛行場の一式戦闘機（撮影／菊池俊吉）

【参考】日本陸軍の空中勤務者について

　日本陸軍では飛行機乗りのことを「空中勤務者」と称した（海軍では「搭乗員」が、主にパイロット（操縦者）については養成課程によって下記のように分類される。

・陸軍士官学校出身者：陸士
　陸軍将校たるべく陸軍士官学校を卒業した後に「操縦学生」となって航空へ転科した者。この場合、操縦学生の何期を修了したかによって操縦経験が異なる。

・航空士官学校出身者：航士
　将校の空中勤務者を早期育成するために設けられた課程で、予科を卒業後、本科として入校。在学中から飛行訓練を行なうので卒業期イコール操縦経験となる。第50期〜第57期までが実戦参加。

・操縦学生出身者：操縦・下士学
　歩兵や砲兵など、すでに他の兵科に軍籍を持つ者のなかから志願して飛行機乗りとなるコース。士官も下士官兵も同じ課程名であったが、便宜上、下士官の場合は下士官操縦学生（下士学）と称した。

・少年飛行兵出身者：少飛
　空の少年兵を育成するために昭和8年に創設、昭和9年に第1期生が採用された課程で、世間一般から募集をかけるもの。海軍の飛行予科練習生に相当するが、少飛の場合は操縦・技術（整備）・通信の分科があった。

・少尉候補者：少候
　これは空中勤務者を養成するものではなく、古参の曹長や准尉を士官に登用する制度。空中勤務者の場合は1年程度、航空士官学校で将校たるべき教育を受けた。

はじめに

いまや"ゼロ戦"といえば日本海軍の零式艦上戦闘機の略称というだけではなく、レシプロ軍用機全体の代名詞のように使われる言葉だが、太平洋戦争中の日本国内においてもっとも有名な飛行機といえば、「赤とんぼ」と親しまれた陸海軍の練習機と、新聞報道、あるいは『加藤隼戦闘隊』の映画や歌により、"隼"の愛称で知られるようになった陸軍の一式戦闘機であった。

一式戦闘機は皇紀2601年にあたる昭和16(1941)年に制式制定された戦闘機であった。

その開発はki43として、昭和12年、ちょうど兄貴分にあたる九七式戦闘機が実用化された頃に始まったが、出来すぎた兄の落とす影に翻弄され、実用化に大いにもたついた挙句に、対米英戦争開戦間近しとなって急遽、改修の方向性が示されて制式制定の運びとなったいわくつきである。

そのため、昭和16年12月8日の開戦当日に一式戦闘機を装備していたのは飛行第59戦隊と飛行第64戦隊(これが加藤隼戦闘隊)のわずか2個戦隊のみという状況で、陸軍戦闘隊の大半はノモンハン事件の古豪である九七式戦闘機で緒戦期を戦った。

一式戦闘機が他の実戦部隊に供給されるようになったのは南方侵攻作戦が終わり、前線の戦闘隊を内地へ呼び戻す余裕ができた昭和17年4月以降になってからであり、本書の主人公ともいうべき飛行第50戦隊も陸軍航空発祥の地である所沢飛行場に帰還して機種改変を実施している。

本書はその際に飛行第50戦隊を訪れた菊池俊吉氏により撮影された一式戦闘機と、空中勤務者を中心とする戦隊員たちの雄姿を紹介しようというものだ。

収録にあたっては菊池氏のご家族が大切に保管されている印画紙からデータを作らせていただいた。すでに航空雑誌などで掲載された写真であっても、画像を明るく調整することで潰れがちになっていたディテールが浮かび上がっていることだろう。

本書により、一式戦闘機一型の魅力をご堪能いただければ幸いである。

〔文／編集部〕

●隼「戦闘機隊」か？　隼「戦闘隊」か？

本書のタイトルは『隼戦闘機隊』。でも、映画や歌のタイトルは『加藤隼戦闘隊』と、"機"がつかない表記となっている。

これは日本陸軍では機種を表す際には「一式戦闘機」や「九七式重爆撃機」などと記していたが、部隊を表す際には「戦闘隊」「偵察隊」「重爆隊」「軽爆隊」などと"機"をつけないで呼称するのが慣わしだったことに由来する。

本書では、一般的にわかりやすいようにタイトルにのみ「隼戦闘機隊」と記したほかは、本文中の表記についてなどは当時にならって「戦闘隊」を用いるようにしている。

●日本陸軍と海軍の階級呼称

太平洋戦争開戦時の日本陸軍と海軍の階級呼称は右の表のようなもので、主に准士官以下で大きく違っている。

勘違いされやすいが、陸軍の曹長は下士官であり、陸軍の准尉が准士官で、海軍の兵曹長に相当する。

陸軍の兵長は昭和15年に新設された階級で、それまでは古い上等兵のことを「伍長勤務上等兵」として扱っていた。

陸軍の場合、正式には階級の頭に兵科をつける。士官であれば「航空兵大尉」や「砲兵大尉」、「歩兵大尉」などと表記する。

なお、日本海軍は昭和17(1942)年11月に下士官兵の階級呼称を変更、表中のスラッシュの右側のようになった(兵は陸軍に準拠したような呼称になった)。

元帥は階級ではなく称号で、本来は「元帥大将」などと記す。

日本陸軍		日本海軍
大将	士官 (将官)	大将
中将		中将
少将		少将
大佐	士官 (佐官)	大佐
中佐		中佐
少佐		少佐
大尉	士官 (尉官)	大尉
中尉		中尉
少尉		少尉
准尉	准士官	兵曹長
曹長	下士官	1等兵曹／上等兵曹
軍曹		2等兵曹／1等兵曹
伍長		3等兵曹／2等兵曹
兵長	兵	1等水兵／水兵長
上等兵		2等水兵／上等水兵
1等兵		3等水兵／1等水兵
2等兵		4等水兵／2等水兵

第1部

所沢飛行場の飛行第50戦隊

〔撮影／菊池俊吉　解説／吉野泰貴〕

対米英戦争の開戦に向けて慌ただしく戦力化された一式戦闘機は、昭和17年なってようやく各部隊に供給され始めた。飛行第50戦隊もそのひとつであり、所沢飛行場で機種改変を行なうと昭和17年6月にビルマへ進出する。ここで紹介するのはその一連の写真である。

Negative No. N1015
堂々の編隊を組んで飛行する飛行第50戦隊の一式戦闘機一型群。飛行第50戦隊は昭和15年に台湾において編成された戦闘隊で、開戦劈頭のマレー作戦に九七式戦闘機で参加したのち、内地へ帰還して一式戦への機種改変を実施した。

威風堂々、陸軍"隼"戦闘隊

● Negative No. N0990
初夏の関東平野を覆う雲海を眼下に飛行する飛行第50戦隊の一式戦闘機一型が、菊池俊吉氏の同乗する九八式直協偵察機(画面右下に主翼が見える。あるいは練習機型の九九式高等練習機?)を追い抜いていく。菊池氏が所沢で機種改編中の飛行第50戦隊を取材に訪れたのは昭和17年6月初めのことで、戦地帰りの空中勤務者たちはすでにその新たな翼の操縦を「手の内」にし、気力も戦力も充分に練りあがったところだった。画面には、がっちりと3機小隊を組んだ合計15機が見える。

Negative No. N1017
撮影機を追い抜いていく一式戦闘機。ほぼ真横から撮影しているため、そのシルエットがよくわかる。にぶく光る戦隊標識は第2中隊のようだ。あくまで九七式戦闘機の正常発展型として開発された本機は、主脚が引き込み式になっている以外はご覧の通り尾脚も出っ放しである。並行して開発されたki44（のちの二式単座戦闘機）と比べ、客観的に見てやや前時代的な印象は否めなかったのだが、当時の空中勤務者たちからはそれだけでも非常に力強く感じられたものだった。

◀ **Negative No. N1018**
撮影機に接近した一式戦闘機の躍動感あふれるショット。風防を全開にしたコクピットからはゴーグルをつけた操縦者がぐっとこちらを睨んでいるようだ。傑作機九七式戦闘機に乗り慣れた空中勤務者たちにはせっかくの密閉式風防も窮屈に感じられたようで（本人たちは見張りの観点からというが）、開戦からしばらくの間は風防を開けて空戦することが当たり前となっていた。ただしこれは緒戦期の頃の話で、二式単戦や三式戦などの高速機が登場するようになると、しっかりと風防を閉めて戦闘するようになっている。

▶ **Negative No. N0986**
こちらは撮影機に対して低位を飛行する一式戦闘機を撮影したもの。こんなに小さいのに後部胴体を貫く飛行第50戦隊マークの"電光"が鮮やかに見え、その視認性が高かったことがうかがい知れる。太平洋戦争中の最初から最後まで、とかく海軍の零式艦上戦闘機と混同された本機だが、こうして静止画で見ていてもなかなか似ているものだ。ましてや高速で飛び交う空中戦においてはなおのことだった。

◀ **Negative No. N0992**
こちらは撮影機に対して高位（というほどの高度差ではないが）をとって接近してきた一式戦闘機の2機編隊。主翼や胴体、機首下面への上面濃緑色迷彩の回り込み方が見え、とくに主翼前縁のオーバーラップが顕著であることがよくわかる（ただし、個体差があったよう）。

▲ **Negative No. N1009**
続いて撮影機を追い越していく一式戦闘機の3機編隊。一連の空撮は冒頭で紹介した15機編隊で1航過したものと3機編隊で高度を変えてのものと何度かに分けて撮影されていた。

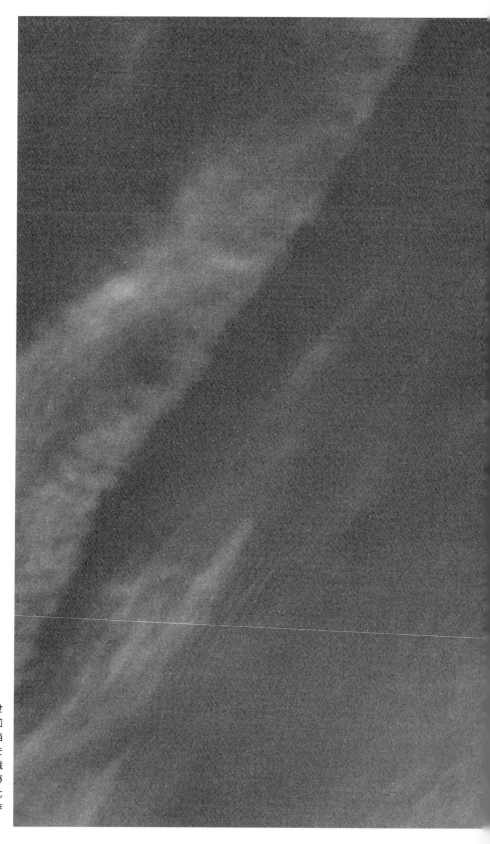

▶ Negative No. N0982
アルクラッド仕上げの機体下面をにぶく輝かせて右へロールを打つ一式戦闘機。本機の主翼前縁下面にも上面濃緑色の回り込みが著しい。当初の開発段階でこそ九七式戦闘機に大きく水を開ける評価をされた一式戦闘機だったが、開戦と同時に遭遇した米英戦闘機に対しては終始優位に立つ空中戦を展開できた。しょせん、九七戦や一式戦よりも格闘性能に優れた敵機など存在しないのだ。

◀ **Negative No. RD749（6×6判）**
菊池氏の撮影した写真の多くは、当時としてはオーソドックスな35mmフィルムを使ったものだったが、なかには6×6判フィルムで撮影されたものもある。左の写真がそれで、20ページに掲載した飛行第50戦隊の一式戦編隊を撮影したもの。手前に見えている撮影機は上面明灰色だったが、フィルムの特性で暗く写り、逆に日の丸の赤が明るく写っている。35mmフィルムに比べ、眼下の雲海も非常に立体的に見えるのが興味深い。

▼ **Negative No. RD748（6×6判）**
ちなみにこちらが左写真の1つ前のネガ。撮影機として菊池氏が搭乗した九八直協の垂直尾翼が写っている。画面中央、雲海から頭を出しているのは富士山だ。

躍動する一式戦闘機たち

●Negative No. N0926

昭和17年6月初頭、埼玉県は所沢飛行場で一式戦闘機への機種改変中の陸軍飛行第50戦隊を訪れた菊池俊吉氏。写真は列線を敷いて始動車（画面左奥に見える）によるエンジン起動を行なう様子をとらえたもの。手前の2機目から奥へ向かって順にエンジンに火が入っているが、一番手前の機体だけ取り残されたような形になっているのが面白い。右ページで手前から2番目に見えている機体の戦隊マークから、当日の撮影協力は第2中隊だったことが読み取れる。

▲**Negative No. N0862**
地上員たちが取り付いて給油作業中の一式戦闘機一型に近寄ってパチリ。若干ヤラセくさく見えるのはご愛嬌といったところ。画面右端に写っている胴体には第3中隊を表す白い戦隊マークの先端が見え、画面奥に見えている機体も第3中隊機だ。ここで注意したいのは画面左奥に見えている給油車のキャビンの屋根の部分。ご覧のように波打って見えているのはオープントップにキャンバス張りだから。こうした給油風景は当時よく見られたものだが、本当に航続距離ギリギリにまで飛んで作戦しなければならない場合には尾部を持ち上げ、燃料タンクを水平にして、めいっぱい給油した。

▲ **Negative No. N0864**
表情にまだあどけなさの残る機付きの整備兵たちが右主翼の燃料タンク（後ろ側の補助槽）に給油中。一式戦一型の主翼には桁を挟んで主槽と補助槽の二つが装備されていた。この角度から見るとカウリング上面に設けられた機関銃／機関砲孔覆が一層きわ立って見える。画面右下部分に日の丸が見えているのに注意。

◀ **Negative No. N0966**
駐機する一式戦一型を観察して、左ページからの3枚に共通して言えることはいずれもプロペラを水平位置にしていること。これは整備並びに点検上の措置で、カウリング内の環状滑油冷却機や下面についている気化器空気取り入れ口などに不具合がないかを目視でチェックするため。このあとに始動位置（正面から向かってプロペラが斜めになるよう）に手で回転させたうえで始動車によるエンジン起動を待つ。

◀ **Negative No. N0955**
エンジンを始動した一式戦一型の列線。画面左の３機と右端の１機は戦隊マークが黄色の第２中隊、右奥にいるのは戦隊マークが白の第３中隊機のようで、手前から奥へと歩いていく空中勤務者たちはこの第３中隊の隊員のようだ（操縦席に乗り込んでいるのが整備兵のようなので）。左側の一式戦で注目したいのは３機ともが水平尾翼に付いている昇降舵を上げ舵にいっぱい取っていること。これはエンジンをふかした際に尾部が浮き上がらないようにするため。左から２機目の操縦席から垂れ下がっているのは乗降用の補助ロープだ。

●**Negative No. N0905**

こちらは前後して撮影された第1中隊の一式戦一型の写真で、画面中央の機体は方向舵に「19」と記入しており、製造番号第419号機と思われる。太平洋戦争が開戦した当時、日本陸軍機は胴体への日の丸の記入を省略していたが、昭和17年4月18日に行なわれたドゥーリットル空襲(空母『ホーネット』から双発爆撃機のB-25を発艦させて東日本ら関西方面の本土空襲を実施したもの)において味方識別に混乱をきたしたこともあって、急遽日の丸を付けるように通達された。写真のように飛行第50戦隊における記入例は、のちの記入位置やサイズと若干異なっているのが面白い。

▶ **Negative No. N0939**
エンジンを起動、暖機運転をしつつ操縦席に乗り込んだ空中勤務者たちが計器類のチェックを行なう。プロペラスピナーの後端とプロペラ軸、滑油冷却機との関係が興味深い。前部固定風防の脇に見えている不定形の出っ張りは「ホ103」12.7mm機関砲を搭載するためのクリアランスバルジだったが、太平洋戦争の開戦時にはその生産が間に合わないこと、また充分に信頼性が確立されていないことなどの理由から左側だけ12.7mm機関砲、右側を7.7mm機関銃としたものが作られた。

▲**Negative No. N0907**
一式戦一型の操縦席左側をつぶさに観察することができる貴重な1葉。画面左側から順に見ていくと、まず機首固定機関銃のアクセスパネルの着脱用マイナスネジやクリアランスバルジ、そして筒型の八九式固定機関銃用照準具の様子がよくわかる。胴体の外板は下側から上に向かって順に貼り合わせてリベット止めされており、こうした機体外板と、パネルとして分割されている部分の関係も興味深い。風防内の胴体上面は反射よけの黒塗装が施されている（昔の車のダッシュボードと同じ）。同様に風防枠の内側も黒である。

▶**Negative No. N0907**
上写真の可動風防部分を拡大する。画面中央、風防枠から飛び出しているように見えるのは風防のロックを外側から外すためのドアノブと言えるもの。こうしたパーツは機種ごとに違い、その様子を観察するのも研究の醍醐味とも言える。

◀ **Negative No. N0907**
こちらは左ページ写真の八九式固定機関銃用照準具（照準機）をアップしたもの。照準機は機関銃や機関砲とともに機軸水平から1度上向きに搭載するようになっていた。使用する際には左下に配された操作ロッドで紡錘形の先端キャップを開く（ガラス面が汚れるため、地上では開けない）。この筒型照準機も大正年間以来、改良を重ねて使用されていたが、次第に敵機が高速化するに伴って「見越し角（敵機の未来位置へ照準して射撃する）」が充分に取れなくなり、一式戦二型の生産途中で光像式照準機に置き換えられるようになっている（海軍の零戦は最初から光像式を採用しているのだが！）

▼ **Negative No. N0940**
少し角度を変えて撮影するとこんな感じで、風防枠のロック解除ノブがより立体的に目に映る。一式戦一型の風防断面は台形に近く、二型以降の流麗なデザインと違ってちょっと野暮ったいのが特徴だった。

●Negative No. N0897

ハ25発動機の爆音も高らかに暖機運転中の飛行第50戦隊の一式戦闘機一型。手前の機体は主脚カバーに記入された数字からもわかるように製造番号第438号機である。一連の菊池氏の写真を見ると主脚カバーのこの部分は製造番号が見やすいようにウェスでよく汚れを拭き取られており、遠目からでもこの部分が光って見える。本機は機首上面の反射よけ黒塗装が残されているが、飛行第50戦隊の一式戦の多くはこの部分も上面濃緑色で上塗りされてしまっていた。

● **Negative No. N0972**
暖機を終えた飛行第50戦隊の一式戦たちが離陸にかかる。一式戦一型のハ25発動機は海軍名の「栄」一二型と同じモデルで、離昇出力は950馬力を謳っていた。住友ハミルトンスタンダード2翅プロペラとの組み合わせ、陸軍標準の87オクタンのガソリンにより高度4000mで最大速度495km/hを発揮した。画面左に写る機体の垂直安定板に見えている白い半球形の物体は尾灯で、このあたりの装備方法も零戦などの海軍機とは大きく異なっている。胴体後部と方向舵の製造番号記入部分に注意。

いざ、大空へ！

●Negative No. N0953
所沢飛行場を離陸点へ向かってタキシングする一式戦闘機一型。本機も飛行第50戦隊の機体なのだが、まだ戦隊にやってきたばかりなのか機体全面は無塗装銀のまま、上面濃緑色迷彩も戦隊マークも記入しておらず、機首上面に反射よけの黒塗装を施した状態。つまり、中島飛行機でのロールアウト時の様子がよく観察できるということ。太平洋戦争時の陸軍機というと主翼前縁の前照灯を思い浮かべるが、ご覧のように一式戦闘機一型にはまだそれがなく、二型から装備される。

▶ **Negative No. N0952**
草原の飛行場を離陸開始点へとタキシングする一式戦闘機一型で、実は前ページ写真の一コマ前に撮影されたものがこちら。重爆隊以外の陸軍の飛行場は基本的にコンクリートの滑走路を持たない、転圧しただけの草原を風向きによって順次離陸方向を変えて使用するのが一般的だった。これはやはり空母艦上機を基本に発展してきた日本海軍機とは大きく運用が異なるところといえる。

◀ **Negative No. N0890**
前ページと同じく、離陸開始点へとタキシングする一式戦闘機一型。欧米ではこうした際に操縦席の脇などに地上員が張り付いて誘導する様子が見られたが、日本陸海軍ではそういった光景はあまり見られない。これはいずれの機体もあらかじめ三点姿勢における前方視界を考慮して設計されていたため（一部に例外はあるが）というのもあるが、強度上の配慮でもあったようだ。どちらの方がより安全かはさておき、こうした誘導中の事故や離陸中の事故については特に注意せねばならず、たびたび殉職者が出ていたのも事実である。

● Negative No. N0947
離陸を開始した2機の一式戦闘機一型は戦隊マークが黄色の第2中隊機。右の機体は機首上面に反射よけの黒塗装がされているのに左の機体にはそれがないのが見て取れ、両機とも胴体日の丸の記入位置が他の機体に比べてやや前寄り（二型の生産機に近い？）。すでに尾輪は地上を離れ、間もなく主車輪も地上を蹴って大空へ羽ばたいていく。

▲**Negative No. N0926**
前ページに続いて所沢飛行場を離陸していく一式戦闘機一型。流れる風景から離陸速度に達する際の速度感もうかがい知れる。本機の特徴である蝶型ファウラーフラップ(「蝶型下ゲ翼」と称した)は空戦の際に開度15度で使用する(全開は30度)ことで威力を発揮したが、他の高翼面荷重の機体のように離陸時には使用しなかった。

▲**Negative No. N0912**
3機編隊でまさに離陸した第3中隊機で、各機の方向舵には製造番号下2ケタに由来する機番号が白で記入されており、左の1機のみそれが「05」と読み取れる（製造番号第405号機であろう）。一式戦は昭和16年中盤から飛行第59戦隊へ供給され、当初は強度不足で空中分解事故が発生した。そのため第190号機までは前縁小骨の補強や前桁、中桁の間の補強が、それ以降は主翼外板厚の改善がなされていたが、第211号機以降ではさらに抜本的な補強が実施されていた。飛行第50戦隊へ供給されたのはひと通りこれらの改善が施されたあとの機体ということになる。

●Negative No. N0924
菊池氏がカメラを構えた脇をさっそうと離陸していく一式戦闘機たち。ロールアウトしたばかりでなにもマークのない機体と、丁寧に上面濃緑色迷彩を施した第2中隊機との対比が興味深い。左の機体はカウルフラップ（「環形開キ板」と称した）をほぼ全開にしており、集合排気管がダイナミックに見えている。写真に見えるように、離陸の際には風防を大きく開け放し、座席をいっぱいにまで上げるのが慣例だった。

▲ Negative No. N0950
同じく離陸していく一式戦闘機の3機編隊。この小隊の機体はすべて反射よけの黒塗装が施されている。胴体日の丸の記入位置やサイズはやっぱりまちまちだ。

▼ Negative No. N0908
2個小隊（画面奥の機体がお分りいただけるだろうか？）が並んで離陸していくさまを見る。草原の滑走路を縦横無尽に使うことのできる陸軍戦闘隊らしい光景といえよう。

▲**Negative No. N0951**
こちらも離陸していく一式戦闘機の3機編隊。日本陸軍戦闘隊は昭和14（1939）年5月に起こったノモンハン事件の前半こそ単機格闘戦でソ連空軍機を圧倒したものの、次第に敵も速度を生かした一撃離脱、集団戦法に切り替えてきた戦訓により編隊空戦の重要性を感じた。これにより陸軍戦闘隊の総本山ともいうべき明野陸軍飛行学校において4機1個小隊とするロッテ戦法を研究し、その運用を確立したが、それを各部隊に充分に伝習する前に太平洋戦争の開戦を迎えたため、結局は旧来の3機1個小隊制で緒戦を戦うこととなった。

◀ **Negative No. N0916**
初夏の所沢の空へ、主脚を収めた一式戦闘機が上昇していく。ki43として昭和12年に開発が始まった当時、実用化されたばかりの九七式戦闘機を引込み脚化した近代的な戦闘機をと考えられていた本機であったが、この角度から見るとそうしたデザインコンセプトが充分に伝わってくる。

▲ **Negative No. N0963**
◀ **Negative No. N0918**
離陸した一式戦闘機が場周飛行中にがっちりと編隊を整えて滑走路上に差しかかる。各機、1機高ずつ高度を違えた様子がよくわかる。

◀ **Negative No. N0888**
列線待機をしている第2中隊の一式戦闘機の頭上を6機がフライパスしていく。新しい翼を得た飛行第50戦隊は、菊池氏の取材を受けてから間もなくの昭和17年6月8日に一式戦闘機45機を以ってここ所沢を出発。上海、台中、広東を経由して23日にセンバワンへと前進すると、7月2日に第3飛行師団の指揮下に入り、パレンバン製油所の防空の任に就いた。

▶▼Negative No. N0888
とかく公式資料の少ない日本陸海軍機については写真がものを言うことが多い。右の写真は菊池氏がばっちり構図を計算して撮影した一瞬（ノートリミング）であるが、右手前に配された黒板から当時戦隊が保有していた一式戦闘機の製造番号が読み取れて貴重。下はその拡大で、画面中央部分、「出場機」と書かれた下に
438
437 中隊長
436
427
439
391
430
433
434
458？
と10機分の記載がある。

◀ Negative No. N0894
こちらは左ページのNo.0888と同じ時に撮影された黒板で、画面中央の「第三中隊出場機」の下の機番号は
424
429
428
431
421
（空白）
420
389
422
（空白）
405
とある。

◀ Negative No. N0903
▼ Negative No. N0902
また別の日に撮影されたものかこちらの黒板は前掲のものとは書いてあることが違っており、「六月二日」と日付が書かれ、菊池氏の取材日が特定できて貴重。つまり、飛行第50戦隊が所沢を離れる6日前に撮影されたものとわかる。人物の頭に隠れてわからないが左から
第1中隊
475
474
468
470
418
第2中隊
440
448
433
427
441
450
438（と推定）
436（と推定）
437
第3中隊
432
422
420
389
425
427
の機番号が読み取れる。

陸軍飛行第50戦隊
空中勤務者たちの群像

●Negative No. N1003

昭和17年6月、飛行訓練を前に戦隊長の石川正少佐(右手前で背中を見せている人物)の訓示に耳を傾ける飛行第50戦隊の空中勤務者たち。左から右へ向かって第1中隊長の森川政男大尉(陸士46)、加藤敏孝中尉(航士53)、友宗孝中尉(航士53)、高成田吉弘大尉(陸士52)(以上第1中隊)、第2中隊長の宮丸正雄大尉(少候18)、柚山英太郎中尉(航士53)、村山康尚中尉(航士54、後列に顔が見えている人物)、近藤正三郎中尉(航士53)、高野明中尉(航士53)(以上第2中隊)、福井太久美中尉(幹候4、後列にいる人物)、第3中隊長の役山武久中尉(航士51)、橋本重治中尉(航士53)、戦隊長の右に見えている左から宗昇曹長(下士学79)、今村良一軍曹(下士学79)、穴吹智伍長(少飛6)。第1、第2中隊と第3中隊の飛行服(陸軍では航空衣袴といった)の色合いが違うのが面白い。

●Negative No.〔no info〕
こちらの写真は前ページのものと似ているが、第3中隊員が写っていない。中央で石川戦隊長に敬礼するのは第2中隊の面々のようで、左から2番目に見えている横顔は第1中隊の友宗孝中尉。手前の背中はその体格から第1中隊長の森川政男大尉であろう。奥には第2中隊の一式戦闘機が彼らがに乗り込むのを待っている。菊池氏はなぜかこのネガに番号を振っていない（順番的にはNO891とNO892に挟まれた位置にある）。

▲Negative No. N892
前ページの写真に続いて撮影された1葉。手前で背中を見せていた人物がいなくなって、整列した空中勤務者たちの顔がよく見えるようになったので、菊池氏はこちらを採用したのだろう。左に見えていたエンジン始動車も画面外へ消えている。

▼Negative No. N891～893
こちらが菊池氏の撮影した一連のネガのべた焼き。N891の次に番号が振られておらず、N892へと飛んでいることがおわかりいただけよう。ネガ番号はこうしてあとから手書きで記入していた。

◀ Negative No. N874
両手を使って空中機動の様子をジェスチュアする第1中隊の友宗孝中尉。航士53期出身の中尉は昭和15年10月に第1中隊附として飛行第50戦隊に着任。森川政男大尉、高成田吉弘大尉が戦死したため昭和18年10月に第6代目の第1中隊長となった。しかし、12月19日の昆明攻撃で戦死する。

▶Negative No. N865
菊池氏の被写体となった山田実曹長(右)と氏名不詳の空中勤務者。山田曹長は昭和17年2月に戦隊本部附として飛行第50戦隊に配属された、下士官操縦学生73期出身の老練な空中勤務者であったが、准尉に進級したのちの昭和17年12月26日に雲南駅飛行場攻撃に参加して戦死する。

◀ Negative No. N867
手を掲げて空を見上げる姿勢は写真を撮るときの当時の流行りのポーズのひとつ。とりわけなんの変哲もないが、左手を上げているので脇の下にぽっかりと穴の空いた夏用飛行服の様子や普段手の影になって見られない腰部分の縛帯の按配がよくわかるというもの。

▶Negative No. N869
前掲写真に続いて撮影された空中勤務者で、縛帯の名札には「石田曹長　佐々木」とあるが、石田ではなく岩田曹長とすれば下士学79期の岩田茂曹長、佐々木が正しいとすれば予備下士14期出身の佐々木隆義軍曹（有名な佐々木勇氏とは顔が違う）となるが……。

◀ Negative No. N933
こちらの凛々しい表情は第3中隊の楢崎正巳曹長。楢崎曹長は下士官操縦学生第82期出身、昭和15年11月に飛行第50戦隊第1中隊に配属され、昭和16年8月に第3中隊の編成要員としてへ転出した。この後、ビルマ戦線へ進出して苛烈な航空戦に参入するが、昭和18年3月に負傷して内地後送となった。

無線電話を活用しようとした陸軍航空部隊

　太平洋戦争の日本の航空部隊というと、とかく空対空の空中無線の聞こえが悪く、早い段階で使用を放棄したという話を思い浮かべるが、これは日本海軍でのこと。
　陸軍航空部隊では九七式戦闘機のころから、雑音が多いながらも空中無線を実用化しており、本項で紹介しているように飛行第50戦隊の空中勤務者たちの飛行帽からはレシーバー用のコードがぶら下がっていることが見て取れる。ただ、内地では使用に差し支えがないものの、南方に持ち込むと湿気などの影響で次第に具合が悪くなったようだ。

　ビルマ航空戦では援護する戦闘隊と重爆隊との意思疎通に活躍。昭和17年10月ごろ、敵戦闘機の反撃を受けることなく爆撃を無事成功させ、戦場を離脱する飛行第14戦隊の重爆隊が感激のあまり飛行第64戦隊の戦闘隊を無線で呼び出すと「うるさい、ひっこんでろ！」と言われたエピソードがある。ちょうどあちらは敵戦闘機との交戦真っ最中だったのだ。
　とはいえ、全般的にはまだ信頼性が低く、アースの取り方を改善してちゃんと使えるようになったのは戦争も後半になってからのことだった。

▶Negative No. N957
宮丸正雄中隊長(画面右端背中を見せている人物)を中心に打ち合わせを行なう第2中隊の面々。左から大金賢一曹長(少飛3)、近藤正三郎中尉(航士53)、高野明中尉(航士53)、柚山英太郎中尉(航士54)で、柚山中尉と宮丸中隊長の間に見えているのが小谷川親曹長(下士学77)。

▲Negative No. N900
こちらは同じ第2中隊でも宮丸正雄中隊長(画面中央に座り、笑顔を見せている人物)を中心に、砕けた表情の隊員たち。空中勤務者と言っても毎日四六時中飛行訓練をしていたわけではなく、また飛ばない時には他の中隊の飛行の様子を見学するのも大事な訓練だった。なお、画面左奥に無帽で立ち、向かって右方向を見ている人物は宗昇曹長。

◀ Negative No. N880
ベンチに仲良く座って飛行訓練を見上げるのは画面左奥から右手前へ向かって楢崎曹長（3中隊・P77の人物）、有沢基曹長（1中隊・下士学84）、浜田武熊曹長（3中隊・下士学84）、小谷川親曹長（2中隊・下士学77）。いずれも各中隊における中堅どころの空中勤務者といえよう。第3中隊だけ飛行服が夏用でないのもこの写真で歴然。

▲ Negative No. N885
前方へ回って撮影された写真で、画面右側に座っているのが上写真に写っている（右から左へ向かって）小谷川親曹長、浜田武熊曹長、有沢基曹長。ベンチの左端に座っていた楢崎曹長の顔が見えない。有沢曹長の右肩に顔が見えているのは宇口磯春曹長（第2中隊・下士学79）、サングラスをかけている人物を置いて左に半身になっているのが藤井数雄軍曹（第1中隊・予備下士15）。左端で体育座りをするのは友広堅造伍長（第1中隊・少飛6）、その後は佐々木勇伍長（第1中隊・少飛6）。

陸軍航空発祥の地 所沢飛行場

昭和17年に飛行第50戦隊が機種改変のため使用した所沢飛行場は、日本陸軍の飛行場として初めて建設されたもの。ここでその歴史を見ておこう。

〔文／吉野泰貴〕

　本書撮影の舞台ともいうべき陸軍所沢飛行場は西武新宿線と西武池袋線の双方が乗り入れる所沢駅の北側にあった。ちょうど現在、所沢航空記念公園のあるあたりが当時の本部庁舎地区である（飛行場の下の、建物が密集したあたり）。

　ここに飛行場を建設しようという動きが現れたのは明治43（1910）年。海軍とともに組織していた「臨時軍用気球研究会」の専門事務所、飛行場、工場が不可欠であり、その適地として検討された結果である。同年8月には23万坪にものぼる土地を購入する。徳川好敏工兵大尉と日野熊蔵歩兵大尉が代々木練兵場で日本における初の動力飛行に成功するのはこの年の12月のことだ。そして翌明治44年4月1日、所沢飛行場として開場すると、4月5日には徳川工兵大尉の操縦するファルマン機が飛行を実施している。

　大正5（1911）年には北側の土地をさらに35万坪購入して拡大が図られ、格納庫などを飛行場の真ん中に配置し、北と東西の両側を滑走路とするような形となった（霞ヶ浦海軍航空隊も同様な配置をとっていた）。

　大正8年4月に陸軍航空部（大正14年、陸軍航空本部に昇格）が創設されると学生教育と航空に関する調査・研究・試験を担当する「所沢航空学校」が開設される。しかし、すでに所沢は手狭になっており、偵察教育は千葉県の下志津に、射撃教育（戦闘機）は三重県の明野にと新設の飛行場で行なわれるようになっていく。フォール航空団を招いて航空近代化を図ったのもこの年である。

　その後、各務ヶ原や大刀洗など各地に「航空大隊」（実戦部隊）が設置されたが、所沢には航空学校の他には気球隊が置かれただけであった。

　昭和12年10月には「陸軍士官学校分校」が所沢に開校、陸士第50期生の後期教育と航士第51期生の教育がスタートした。これとともに所沢陸軍飛行学校は廃止となり、従来の担当は熊谷陸軍飛行学校に移管されることとなった。

　昭和13年5月、陸軍士官学校分校は飛行場とともに教育用の建物を建設していた豊岡に移転、同年12月10日付でこれが「陸軍航空士官学校」となる。同年の7月には「陸軍航空整備学校」（昭和18年8月、「所沢陸軍航空整備学校」と改称）が所沢に創設された。

　以後、所沢は航空兵器の整備教育の場所として太平洋戦争の開戦を迎えることとなる。

▶昭和19年9月27日に撮影された所沢飛行場。明治44年に完成した、陸軍航空の発祥の地である。この西隣には航空士官学校の所在する修武台飛行場（現在の入間基地）があった。〔写真／国土地理院蔵〕

第2部
資料編

・陸軍飛行第50戦隊小史
・FHCAMの一式戦一型 発見から修復、保存の経緯
・一式戦闘機一型の生産と各部隊への供給

陸軍飛行第50戦隊小史
一式戦闘機に止まらないその活躍

〔文／松田孝宏〕

　太平洋戦争において、終始苦闘を続けた日本陸軍戦闘隊の中にあり、飛行第64戦隊とともにビルマ戦線において局所優勢を保って活躍したのが本書の主役たる飛行第50戦隊であった。
　ここでその始まりから終焉を迎えるまでのあらましを整理しておきたい。

■飛行第50戦隊の誕生と初陣

　太平洋戦争緒戦のフィリピン戦から中盤のビルマ航空戦、末期のインパール作戦などを通して、度重なる損耗にも屈せず戦い抜いたことで知られる飛行第50戦隊は、昭和15年9月5日、「軍令陸甲第26号」によって編成されることとなった。当時、台湾の屏東に展開していた戦爆混成の飛行第8戦隊から戦闘機隊を抽出して基幹戦力とすると9月10日に台中で編成を完結。第1飛行集団に隷属となる。初代戦隊長は吉田直中佐（陸士35期）であった。

　当時の主装備は九七式戦闘機の2個中隊編成であり、昭和16年7月30日に第1飛行集団の下に第4飛行団司令部が編成され、この隷下となると、8月に第3中隊が加わり、正規の3個中隊編成となった。10月には戦隊長が牧野靖雄少佐（陸士39期）に交代した。

　同年11月14日付で南方軍戦闘序列が命ぜられると飛行第50戦隊は第4飛行団司令部とともにフィリピン攻略を任務とする第5飛行集団の隷下となり、11月26日には台湾南部の恒春に移動した。

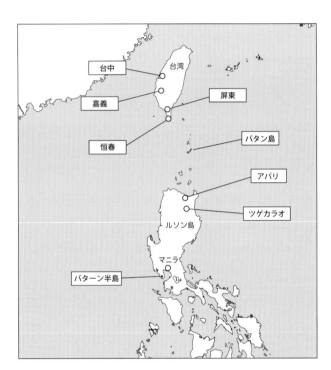

　12月8日の開戦当日から飛行第50戦隊は比島攻略部隊船団の田中支隊の上空援護を実施。すでに旧式化して航続距離も短く、古めかしい固定脚の九七戦は進攻作戦に参加できず、台湾とルソン島の往復のためバシー海峡上のバタン島バスコ飛行場を中継基地として活動した。

　ルソン島北部のアパリへの上陸が実施された12月10日には"空の要塞"B-17が数回にわたって来襲したが、午後にやって来た2機のうち1機へ金丸貞三少尉が三撃を浴びせて煙を吐かせ、もう1機はツゲカラオ付近まで追い込んで不確実撃墜が報告された（この機は最終的に海軍の零戦が撃墜した。コーリン・ケリー中尉機である）。

　これは当時の日本機としては重武装（7.7mm機銃2挺、20mm機銃2挺）の零戦でさえ手こずる難敵を、7.7mm機関銃しか持たない九七戦が落としたという見事な戦果で、大々的に報道された。この空戦で金丸機は不時着を余儀なくされたが、現地住民に助けられて2週間後に無事帰還した。

▲方向舵に「そ」と記入した飛行第50戦隊の九七式戦闘機。戦隊マークが赤の第1中隊の機体。

◀昭和17年2月、モールメンへ進出した飛行第50戦隊の九七式戦闘機。こちらも戦隊マークが赤の第1中隊の機体。茶褐色の迷彩が施されている。飛行第50戦隊はビルマ航空戦には第1中隊と第2中隊で参加したが、P-40など第2次大戦型の新鋭戦闘機の前に苦戦続きとなった。

　フィリピン攻略はもとより南方作戦が予想よりも順調であるため、南方軍は第5飛行集団の転進を命じ、飛行第50戦隊は第1、第2中隊をビルマ攻略戦に投入して第3中隊のみがフィリピンで戦うこととなった。

　昭和17年元旦に、第3中隊は新編の第14軍飛行隊に編入された。この時点で飛行第50戦隊は12機を損耗していたが、じつは空戦による損失機はゼロで、旧式機でB-17やP-40を撃墜する高い技量がうかがえる。

　その後、第3中隊は第1次、第2次バターン半島攻略戦に参加したが空戦の機会は少なく、米陸軍のP-40の撃墜がいくつか記録された程度であった。華々しい活躍はなかったが第2次攻略戦で戦場の制空に1日5〜6回も出動した戦隊は、第14軍から感状を授与されている。

　陸軍新鋭機の一式戦、海軍の零戦に比べて地味な任務が多かったものの、緒戦期に要所で味方部隊を支えた飛行第50戦隊の功績は多大であった。

■ビルマ戦の開始と一式戦への改変

　ビルマ行きとなった飛行第50戦隊の第1、第2中隊はいったん台中へひきあげると、重爆隊の飛行第14戦隊とともに昭和17年1月17日に同地を進発。19日にタイのナコンサワン飛行場に前進して23日よりラングーン航空戦に参加した。長きにわたるビルマ戦の幕開けである。

　しかし、すでに旧式の九七戦にとって米義勇飛行隊"フライング・タイガース"のP-40や英空軍のハリケーンは対抗しがたい相手で、護るべき九七式重爆撃機はもちろん、50戦隊もかなりの損害を被った。高速の一撃離脱戦法に対して、劣速の九七戦では太刀打ちができなかったのだ。

　特に、1月24日のミンガランドン飛行場攻撃では九七重爆が5機が未帰還となり、50戦隊も第1中隊長の坂口藤雄大尉（陸士48期）が自爆するなど3機を失った。

　2月末、負傷した牧野戦隊長に代わり石川正少佐（陸士40期）が後任に就いた。

　3月21日はアキャブ攻撃のため約60機が出撃を準備しているところへ9機のブレンハイム（ブリストル・ブレニムのこと）爆撃機と3機のP-40が襲来、石川戦隊長はこれに対して数機を率いて離陸を強行し、P-40全機を撃墜してのけた。

　この中部ビルマ作戦への参加を経て飛行第50戦隊は台中へ引き上げ、第1〜3中隊が合流して内地に帰還。

　4月下旬より所沢において待望の一式戦闘機一型への機種改変を開始した。

　6月8日、一式戦闘機の未修教育を終了した石川戦隊長以下45機の50戦隊は所沢を出発、上海や台中、広東を経て23日にシンガポールのセンバワン飛行場に到着した。

　以後は1個中隊を交代でパレンバン防空に派遣しつつ、ラングーン防空のかたわら錬成を行ない、ビルマの雨季明けを待った。

■ビルマの力戦敢闘

　昭和17年9月、飛行第50戦隊は、同年3月に占領したラングーン郊外のミンガラドン飛行場に進出し、再び第5飛行師団第4飛行団の指揮下に入った。一式戦による初陣は9月6日で、5機の撃墜が記録されている。戦隊は10月6日よりラングーン港からアキャブに対する物資輸送の掩護を行ない、10日、14日もこれに任じた。14日には輸送船1隻への被弾を許したものの、来襲した18機のブレンハイム全機を撃墜したと報じている。

　10月25日より第4飛行団の全力によるアッサム州テンス

▶昭和17年6月、陸軍所沢飛行場において一式戦闘機一型への機種改変中の飛行第50戦隊。開戦時にはわずかに2個戦隊分しかなかった一式戦闘機は、蘭印攻略作戦が終了すると同時に各戦隊へ供給され始めた。飛行第50戦隊は飛行第24戦隊、独立飛行第10中隊とともにその第1グループとして機種改変に取り掛かった。画面右に見えるのは風向を表す布板（画面奥から手前に向かって風が吹いているの意。だから手前から奥に向かって離陸する）。
〔撮影／菊池俊吉
Negative No. N1002〕

キアへの進攻作戦が開始されると、飛行第50戦隊は北ビルマのシュウエボ飛行場から飛び立って対地攻撃を行なった。

11月中旬にはトングー南飛行場へ移動、12月から飛行第50戦隊の前身と言うべき飛行第8戦隊の軽爆を掩護してチタゴン攻撃に参加した。チタゴン港には215隻もの船団が集中しており、敵はここで反攻の準備中と判断されたためだ。攻撃は4次にわたり、撃沈・撃墜も記録されたが相応の犠牲も出た。

12月はマグエでの迎撃戦や雲南駅南飛行場進攻など各方面で戦った。20日はマグエでの撃墜戦果により、中西飛行団長から賞詞を受けた。

しかし損害も無視できないもので、16日のチタゴン攻撃では第1中隊長の森川政男大尉（少候18期）以下4名が行方不明となり、23日のマグエ空襲では金丸少尉、妹尾兵長、岩下兵長が始動機操作中に爆弾の破片を浴びて戦死するなど、手痛い打撃を受けた。

中崎茂第3中隊長にとって金丸少尉の戦死は痛恨そのもので、当日の夕方に来襲した6機のハリケーンのうち3機を撃墜しても「金丸の弔合戦としては未だ物足らず」と日記に記している。戦死を知らせる葉書は「最愛の部下　金丸少尉を遂に戦死させました　悲しさ此上もありません　どうか彼の霊を弔ってやって下さいませ」としたためられ、文末に「不一」と締めくくられた。「不一／ふいつ」とは書きを充分に書き尽くせない際に手紙の末尾に記すもので、惻々たる悲しみを伝えてあまりあるものといえる。

昭和18年に入っても50戦隊は昆明攻撃、チタゴン進攻、ラングーン防空戦などに敢闘を続け、1月23日のチタゴン進攻では、被弾して帰還不能と判断した第3中隊長の中崎中尉は決別の手を振りながら武装輸送船に突入して戦死した。当時の『ビルマ新聞』は7月11日付でこれを「中崎中尉に輝く感状」「空中戦士の鑑」「緬印国境に赫々の武勲」「敵船に突入・壮烈の最期」といった見出しで報じた。感状を授与したのは、南方方面で陸軍航空部隊の最高指揮官となる第三航空軍司令官、菅原道大中将であった。

1月26日はラングーンに来襲した7機のB-24を、第1中隊と第2中隊が4機ずつの単縦陣で迎え撃ち、穴吹智軍曹（少飛6期）が得意の背面突進と急降下攻撃で白煙を吐かせた。さらに穴吹機が前下方から第二撃を浴びせ、初めてとなるB-24昼間撃墜を果たした。その他の機も全弾を撃ち尽くして合計4機を撃墜、大いに士気を上げた。

だが、この頃になると飛行第50戦隊の保有機数は進出当時の1/3にまで減少しており、1個中隊を残して戦隊主力はシンガポールに後退した。

■一式戦二型への改変

昭和18年2月10日、飛行第50戦隊はスラバヤで一式戦闘機二型20機を受領、翌日から機種改変の訓練を開始した。二型は馬力、速力、火力などで一型を上回る一式戦の最多生産機である。

保有機が37機にまで回復した戦隊は3月24日、ビルマ中部のメイクテーラ西飛行場へと進出したが、その直後に9機のB-25が来襲との情報に接するとすぐさま離陸し、全機の撃墜を報じた。

3月27日は飛行第8戦隊と飛行第34戦隊の軽爆隊を掩護してモンドウ（マウンドー）方面の艦船攻撃に向かう予定であったが、濃霧のため飛行第50戦隊が軽爆隊と合流できず、第8戦隊が大きな損害を受けた。

石川戦隊長は自身の進退伺いを提出するとともに弔い合戦を上申、これが許可されると29日に再びモンドウに進攻してハリケーン6機を撃墜し、翌30日には飛行第8戦隊とと

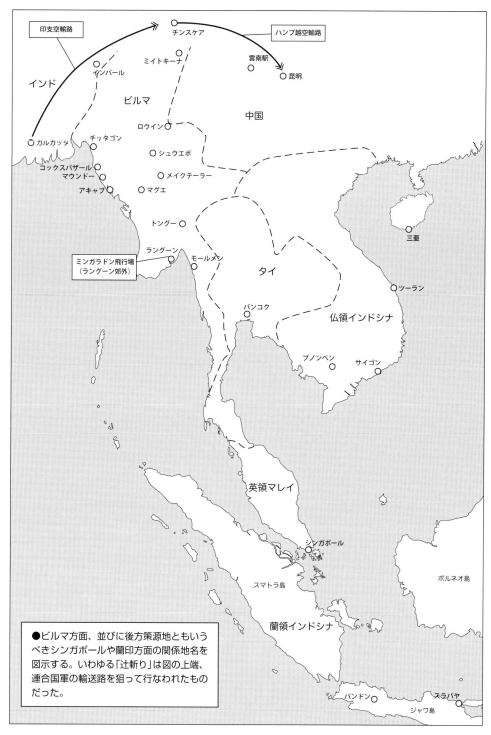

●ビルマ方面、並びに後方策源地ともいうべきシンガポールや蘭印方面の関係地名を図示する。いわゆる「辻斬り」は図の上端、連合国軍の輸送路を狙って行なわれたものだった。

もに爆撃にも成功した。

特筆すべきは3月31日のパガタ飛行場に対する払暁攻撃で、石川戦隊長率いる宮丸正雄大尉、友宗孝中尉、山本敬二中尉、宗昇曹長、佐々木勇軍曹、下川幸雄軍曹、穴吹智軍曹ら、選抜された技量優秀者の8機が、迎撃してきた約40機のハリケーンと交戦して15機を撃墜（不確実7機）、戦隊は全機が帰還するという一方的な完全勝利を得た。このうち佐々木、下川、穴吹の軍曹3人は"少飛6期の三羽烏"としてそれぞれ「腕の佐々木」「度胸の下川」「運の穴吹」と称せられ、戦隊の「看板スター」と言うべき逸材であった。

飛行第50戦隊にはほかにも大房養次郎、五十嵐留作などのエースを擁しており、開戦時から一式戦を装備した飛行第59戦隊や飛行第64戦隊のかげに隠れがちな印象はあるものの、じつのところ超一級の精強飛行戦隊であった。

この日、メイクテーラへ帰還した各機は、飛行場を超低空で高速通過しつつ上昇、分開飛行を行ない、勝利に沸いた。

4月以降も飛行第50戦隊はモンドウ、インパール、ブチドン、ドバザリ、コックスバザー、チタゴンなど各方面に出撃。そのたびに数名の戦死者を出しながら撃墜記録を重ねた。5月29日、チタゴン上空の空中戦を最後に、雨季に入ったビルマを離れた。

■ビルマ各地で続く作戦

6月中旬、バンドン飛行場へ後退した飛行第50戦隊は戦力回復に努めた。

6月末から8月上旬にかけて高成田大尉の指揮する9機が豪北地区に派遣され、船団護衛や要地防空にあたった。7月10日は夕弾よって2機のB-25を撃墜している。なお8月1日、人事異動により石川少佐に替わり4代目戦隊長として新田重俊少佐（陸士46期）が着任した。8月中旬は1個中隊がミンガラドンから船団掩護を行なっていたが、雨季明けの10月8日は主力

も同地に前進してきた。

　10月18日、中型機編隊が東進中との情報に第1中隊の3機と、少し遅れて穴吹軍曹が離陸した。飛来したのはP-38とB-24の戦爆連合編隊であったが、穴吹軍曹はまず最後尾のP-38を1機撃墜し、続いてB-24に四撃を浴びせて撃墜した。この時、P-38の攻撃により燃料タンクに被弾、穴吹軍曹自身も左手貫通銃創の重傷を負うがマフラーで止血してP-38を撃墜、B-24を反復攻撃により2機撃墜、全弾射撃後にはB-24の方向舵に体当たりして撃墜し、3機目の戦果としたあとに不時着して生還した。

　穴吹軍曹には異例の個人感状が授与され、曹長に昇進した。まさに「ビルマの桃太郎」の異名にふさわしい「鬼退治」であった。

　10月27日、飛行第50戦隊の主力はロウインを基地に印支空路の邀撃戦を開始、2機を失うもののまず1機のDC-3輸送機を撃墜した。これが「ビルマの辻斬り」と呼ばれた印支空路遮断作戦の嚆矢である。11月に入っても9日のインパール奇襲、28、29日の敵航空基地進攻で多大な戦果を挙げた。12月5日は陸海軍航空部隊協同となるカルカッタ進攻が行なわれ、飛行第50戦隊に加え、飛行第33戦隊、飛行第64戦隊、飛行第204戦隊が陸海軍の爆撃機を掩護して進攻した。敵の反撃は微弱で、これも好戦果を収めた。

　しかし、19日の雲南駅南飛行場進攻は飛行第34戦隊の軽爆ともども犠牲が多く、寡兵で制空権確保に奮闘する飛行第50戦隊、そして第5飛行師団はしだいに疲弊していった。

　輸送機を狙う「辻斬り」も続けられており、12月10日はDC-3、P-40、P-51、各1機の撃墜確実と報じられた。ただDC-3の撃墜はたやすくはなく、操縦者によれば燃えにくいということで意見が一致していた。射撃の際は衝突せんばかりに接近するが、その胴体の中を右往左往する乗員たちの姿が手に取るように見えたという。落下傘降下しても開傘することは少なく、運よく降下できてもそこは千古斧鉞（ふえつ）を入れぬ濃密なジャングルであった。また、東南アジア地域連合軍総司令官マウントバッテンの搭乗機は惜しくも取り逃がす結果となった。英空軍の公刊戦史によれば12月は8機の輸送機が撃墜され、損害は小さかったものの高い山々を越える迂遠な航路の選定を余儀なくされたとのことだ。

　12月には新田少佐に替わり、5代目戦隊長の藤井辰次郎少佐（陸士47期）が着任している。

　昭和19年を迎えた飛行第50戦隊は、1月2日に新春演芸大会を催した。残されている「春の演藝プログラム」には「ビルマ踊」「森の石松」「アッツ島玉砕記」など8個の演目が列記され、「芸人揃いの第2中隊」による「森の石松」が一等を受賞した。「玉砕した戦友の仇討の新年だ」とプログラムに記される一方、5日は偕行社で「大和撫子よりお茶とパパイヤの漬物を御馳走になる。余りのおいしさに、おかわり」との記録も認められ、つかの間の新年気分を味わったようだ。

▲第3中隊の穴吹智軍曹は同期生の佐々木勇軍曹、下川幸雄軍曹とともに"少飛6期三羽烏"と呼ばれる活躍を見せた。写真は明野陸軍飛行学校へ転勤したあとの曹長時代のもの。

■インパール作戦に損耗

　昭和19年3月、インパール作戦が開始された。援蒋ルート遮断を目的にしながら、ずさんな計画により日本陸軍史上でも屈指となる愚劣な作戦に、飛行第50戦隊も参加した。

　3月11日より第4飛行団はチンドウィン河渡河点で制空戦闘を行ない、以後も上空掩護、爆撃機隊の掩護、敵空挺基地の襲撃などが続いた。4月17日のインパール進攻では飛行第50戦隊のほか飛行第64戦隊と飛行第204戦隊の戦闘機約50機が約40機のスピットファイアとP-51と交戦、6機を撃墜したがこちらも4機を失った。第二次大戦最優秀機と評されたP-51に対し、一式戦で空中の優位を獲得することは至難と判明した。それでもインパール作戦のため進攻作戦は続き、4月24日は地上部隊の作戦に直接協力した。

　だが味方は徐々に劣勢に陥り、5月15日にミイトキーナ（ミッチーナ）の北飛行場が奪われた。6月に入るとビルマのミイトキーナ、雲南省の拉孟、騰越守備隊は危機的状況となり、飛行第50戦隊も地上の直協作戦にあたった。17日、永島中尉指揮の8機は飛行第204戦隊と協同で最後のインパール進攻に向かったが、中尉を含む3機が未帰還となった。

　戦場はすでに雨季を迎え航空作戦が難しく、戦況も悪化の一途をたどっており、この日をもって第5飛行師団はインパール作戦への協力を中止した。

　さらに7月3日、作戦の全面中止命令が発せられ、第15軍の大きな犠牲とともにインパール作戦は一応の終結を迎えた。しかし雨季の退却行は過酷で、飛行第50戦隊は29日と30日に第18師団に物資を投下したほか周辺の敵陣地を攻撃して支援に努めた。この物資輸送は、さかのぼること7月5

日はミイトキーナ守備隊に、26日に拉孟守備隊に弾薬を投下するなど各地で実施された。戦闘機による物資輸送が必要となっては、末期的な状況としか言いようがないが、7月7日は藤井戦隊長以下15機がミイトキーナ奇襲に成功、敵機39機を撃破・炎上せしめるなど強くしぶとく戦い続けた。

7月29日、ミイトキーナに進攻した飛行第50戦隊と飛行第204戦隊はP-47と初対決。重戦闘機の極致たるこの強敵を4機撃墜した。30日も敵空挺基地に進攻して攻撃、全機の帰還をもって50戦隊のインパール作戦は終わった。

■四式戦への改変とビルマ戦の終焉

昭和19年8月上旬、インパール作戦を終えた飛行第50戦隊はサイゴンに後退し、四式戦闘機への機種改変を開始した。「疾風」の愛称で知られ、「大東亜決戦機」との期待も高かった新鋭機だが、故障が続発し、戦力化は遅れた。

余談ながら飛行第50戦隊ではこの時期に、『暁に祈る』などの作曲で知られる古関裕而作曲、最後の戦隊長を務め戦後は飛行第五十戦隊戦友会の会長となる河本幸喜の作詞による「第50戦隊歌(その2)」が作られた。編成間もない台中時代にも戦隊本部付の近藤正三郎中尉の作詞・作曲による戦隊歌が存在するため「その1」「その2」と分けられるのだが、隊歌をふたつ持つ戦隊というのも珍しいといえよう。

飛行第50戦隊は9月10日にサイゴンで開隊日を迎え、記念行事を行なった。こちらも「開隊記念行事目録」が残されており、整列と宮城遙拝に始まる「第一部　式典」が9時から、相撲や野球など「第二部　運動」が10時30分から、14時に会食、14時30分から「第三部　演芸」として14個もの演目が用意され、開戦から終戦まで唯一となる記念行事はかなりの盛況だったと想像できる。

10月19日、ようやくミンガラドンに復帰した飛行第50戦隊はラングーンの防空任務を再開。11月4日はB-24、B-25を含む100機もの戦爆連合がラングーンに飛来した。

この時期、ビルマ方面の第一線出動許容限度は敵の2000機に対し味方が60機と判断されており、飛行機の補充は比島方面が優先されていた。

12月30日、戦隊は第31師団の地上作戦に協力するためメイクテーラへ前進し、昭和19年の大晦日となる31日は4機の一式戦と13機の四式戦で英機甲部隊を痛撃、百数十もの戦車、車輌を撃破して数日間進撃不可能に追いやる大戦果を挙げた。この戦闘では四式戦が搭載する20mm機関砲の大威力がいかんなく発揮され、大打撃を受けた敵機甲部隊は夜間に分散して行動するようになった。

迎えた昭和20年元旦、寺内南方軍総司令官より飛行第50戦隊も属する第5飛行師団に感状が授与された。『戦史叢書』でも触れられていないこの「幻の感状」は戦隊史『悲風緬甸の天地　航跡飛行第五十戦隊』に掲載されており、「進攻二邀撃二将又対空射撃二毎戦赫々戦果ヲ収メタ」として「感状ヲ授与シ之ヲ全軍二布告ス」るものであった。1月8日の12時30分より感状伝達式が行なわれ、祝賀会場では会食、演芸会、映画『軍神加藤』の上映がなされた。食券と引き替えのタバコ、酒、コーヒー、サイダー、寿司、うどん、おでん、ぜんざい、萩餅などが用意され、「赤食券」は赤飯と思われる。なお飛行師団で感状を授与されたのはこの第5飛行師団のみである。

昭和20年1月9日、飛行第50戦隊はアキャブに上陸してきた英艦船を攻撃したのち、米機動部隊の仏印来襲に対処すべく藤井戦隊長が率いる主力がサイゴンに移った。ここで岩本秀一少尉ら3名による特別攻撃隊を編成したが、米艦上機の空襲が途絶えたため幸いにも出撃することはなかった。

2月13日、三亜とツーランに、燃料や重要物資を本土に緊急還送する船団掩護のためとして飛行第50戦隊から分遣隊が送られた。しかし3月28日、ヒ88J船団は掩護の甲斐なく半数がカムラン湾に沈み、敵戦爆連合から身を挺して船団を護った藤井戦隊長を含む4機が戦死した。沈没を免れた輸送船も多くは大破しており、大本営が作戦を中止して南方

◀昭和19年夏になると、一式戦闘機で戦い続けていた飛行第50戦隊も、新鋭の四式戦闘機「疾風」へ機種改変することとなった。12.7mm機関砲2挺、20mm機関砲2挺の大火力は12月31日の英機甲部隊攻撃で遺憾なく発揮された。写真はマスコミに公開された飛行第73戦隊の四式戦闘機。

資源の還送は途絶えた。なお4月21日付で南方軍総司令官より藤井少佐に個人感状が授与され2階級特進、戦隊にも部隊感状が授与されている。

戦死した藤井少佐に代わって戦隊長となったのは飛行隊長を務めていた河本幸喜少佐(航士52期)であった。

飛行第50戦隊最後の戦隊長となる河本少佐は4月にビルマ東部モールメンに前進して、ビルマ方面軍司令官の木村兵太郎中将一行のラングーン脱出掩護のため、飛行第64戦隊の戦闘機や飛行第58戦隊の重爆とともに敵機甲部隊を攻撃していた。敵部隊の進撃は予想をはるかに超えた早さだったが、各戦隊の混成部隊は24日、トングー方面の1000輌を超える車輌部隊を攻撃して120輌を炎上させた。29日も50戦隊らはトングー地区に進攻、700輌を捕捉して8輌を炎上させ、70輌を撃破したが、戦況は覆らなかった。

なお木村司令官の「脱出」はビルマ戦線を大きく混乱させる結果となり、現在も手厳しい批判が絶えない。

5月上旬は雨季を迎えて航空作戦が困難となり、20日にはとうとうラングーンが陥落して因縁深き地・ビルマの戦いは終わった。これ以後、50戦隊ら第5飛行師団はビルマで作戦を行なうことはなかった。

ビルマ航空戦における飛行第50戦隊の戦果は昭和20年4月の感状によれば撃墜破237機、戦死した空中勤務者は82名。天下に恥じない激闘であった。

■誕生の地・台湾で終戦

飛行第50戦隊は、昭和20年5月中旬、プノンペン飛行場を基地として訓練に励んでいた。

しかし間もなく終戦を迎えるという昭和20年6月26日、大本営は南方軍の意見具申により本土決戦転用のため、南方航空部隊主力の内地、台湾への集結を命じた。これを受けた飛行第50戦隊では7月10日(3日とする資料もあるが戦隊史の記述に従う)の8時、河本戦隊長率いる20機の四式戦でプノンペンを離陸し、安南ブイン、広東を経て戦隊発祥の地・台中に到着したのは7月12日であった。現地では当時を知る多くの人々に歓迎され、また期待されたとのことだ。

7月18日には嘉義飛行場に移動、沖縄に向かう特攻機を掩護したが、以後は戦力温存のため出撃の機会を得られなかったため、これが実質的に飛行第50戦隊の最後の作戦行動となった。

8月9日にソ連が参戦。14日には飛行場がB-29の猛爆を受け死傷者も出た。

これより前の8月11日に浜松へ転進の内命があり、16日早朝に出発と予定されていたが、15日に河本戦隊長が命令を受領すべく台北の師団司令部に出頭したものの、正午に玉音放送があり終戦となった。

台湾で誕生した飛行第50戦隊は、奇しくも同じ地で終焉を迎えたのであった。

多くの例に漏れず玉音放送は雑音がひどくて断片的にしか

▲奇しくも編成地である台湾で終戦を迎えた飛行第50戦隊は、復員するまでの間、中国空軍に四式戦闘機の伝習教育を実施することになった。写真は同じように中国空軍の青天白日旗を描かれた四式戦闘機の一群。

聞き取れなかったというが、内容が明らかになるとさしもの飛行第50戦隊も落胆、失意に包まれた。

しかし、時間の経過とともに落ち着きを取り戻した戦隊は「全員無事帰国」で意志を統一した。

■中国空軍の教育と復員

詳しい情勢が不明だったこともあり、終戦直後も飛行第50戦隊では台湾で配属された空中勤務未熟者の教育訓練を10日ほど続けていたが、やがて中国軍と米軍の連絡将校がやって来て飛行停止とプロペラの取り外しを命じられた。

昭和20年10月、飛行第50戦隊も属する第8飛行師団は飛行機を中国空軍に移管することになり、操縦や整備の伝習教育を海軍の台南航空隊で実施することとなった。機種ごとに教育班が編成され、飛行第50戦隊は四式戦の担当となり、河本戦隊長以下、空中勤務者4名と整備員約10名が11月中旬より約1ヶ月間、台南空に派遣された。中国軍将校には英語が何とか通用するため、辞書を片手に単語の羅列と身振り手振り、筆談などで意志疎通に努めた。なお、戦後、残留した日本兵から操縦の指導を受けた中国軍については、中山雅洋著『中国的天空』(上・下、大日本絵画刊)に詳しい。

● 歴代戦隊長

	氏　　名	階級(出身)	在任期間
初代	吉田　直	中佐(陸士35)	S15.09～16.10
2代	牧野　靖雄	少佐(陸士39)	S16.10～17.02
3代	石川　正	少佐(陸士40)	S17.03～18.08
4代	新田　重俊	少佐(陸士46)	S18.08～18.11
5代	藤井辰次郎	少佐(陸士47)	S18.12～20.03
6代	河本　幸喜	少佐(航士52)	S20.04～(復員迄)

● 歴代戦隊付

	氏　　名	階級(出身)	在任期間
初代	新田　重俊	少佐(陸士46)	S17.02～18.03
2代	河本　幸喜	大尉(航士52)	S18.10～19.02

● 歴代飛行隊長

	氏　　名	階級(出身)	在任期間
初代	河本　幸喜	少佐(航士52)	S19.04～20.04
2代	川田　一	大尉(少候21)	S20.04～(復員迄)

※多くの飛行戦隊は昭和19年頃から順次、従来の中隊編成から飛行隊編成に移行した。飛行第50戦隊でも昭和19年4月から実施された。

● 歴代第1中隊長

	氏　　名	階級(出身)	在任期間
初代	新田　重俊	大尉(陸士46)	S15.09～16.03
2代	坂口　藤雄	大尉(陸士48)	S16.03～17.02
3代	森川　政男	大尉(少候18)	S17.02～17.12
4代	高成田吉弘	大尉(陸士52)	S17.12～18.10
5代	友宗　孝	大尉(航士53)	S18.10～18.12
6代	柚山英太郎	大尉(航士54)	S19.01～19.06

● 歴代第2中隊長

	氏　　名	階級(出身)	在任期間
初代	長縄　勝己	大尉(少候15)	S15.09～17.02
2代	宮丸　正雄	大尉(少候18)	S17.02～18.08
3代	高野　明	大尉(航士53)	S18.08～19.02
4代	福井太久美	中尉(特志)	S19.02～19.04

● 歴代第3中隊長

	氏　　名	階級(出身)	在任期間
初代	役山　武久	中尉(航士51)	S16.08～17.08
2代	中崎　茂	中尉(陸士52)	S17.02～18.01
3代	橋本　重治	大尉(航士53)	S18.04～19.03
4代	河本　幸喜	大尉(航士52)	S19.03～19.04

　この当時、飛行第50戦隊では在台湾部隊の復員が数年先になると推測、「飛行教育班(既述したように中国軍に飛行機の移管と伝習教育)」、「食糧自給班(製糖会社の農場を借用して米、野菜の自給)」、「営業班(小型機の修理など持てる技術による現金収入の確保)」を編成して自活をめざした。

　飛行場のある嘉義を含む台湾の治安はほぼ全域が良好だったが、いかんせん終戦によって生活基盤を失った現地部隊は支給される糧秣や衣料で細々と生活した。貴重な蛋白源として、養殖の大きなカタツムリが珍重されたという。しかし、なかなか自活態勢は軌道に乗らなかったようだ。

　なお台湾転出後、プノンペンに残留した飛行第50戦隊では6名が水野大尉の指揮下に残留隊を編成していた。証言によれば8月15日の玉音放送後は所属を転々としながら農作業に従事、ベトコン蜂起からサイゴンの治安維持するため工場や駅などの警備にもあたった。毎夜のように放火や発砲の騒ぎがあったという。

　この残留隊は昭和21年5月に帰国の許可が出て、生き残った空母「鳳翔」で大竹に帰国を果たしている。

　台湾組も幸いなことに昭和21年早々に内地帰還が決まり、隊員たちは喜び勇んで復員準備を開始した。復員は2月より始まり、復員船は薩摩半島南端開聞岳を見ながら錦江湾へ入り鹿児島港に接岸した。祖国の荒廃を覚悟していた隊員も、焼け野原と化した市街に言葉もなかった。

　飛行第50戦隊の復員は5月までに終わり、台湾から祖国へ戻れたのは95名であった。

　最後に、戦後の元50戦隊関係者の活動を記しておく。
　最初の戦友会は日本が繁栄を迎えた昭和43年9月22日から23日にかけて、岐阜市長良畔の旅館・長良館で行われた。以後、昭和45年5月に第2回、昭和47年5月からは毎年開催されるようになり、戦隊誌には第24回、平成5年9月までの開催が記されている。同誌には各地への巡拝慰霊も昭和48年よりビルマ、雲南方面など、平成2年までに7回が記録されている。

　また慰霊碑は昭和61年に愛知県の三ヶ根山に建立され、4月6日に序幕落慶法要式が執り行われた。

　軍神・加藤戦隊長の存在で映画化もなされ、現在も人気の高い飛行第64戦隊や本土防空戦で活躍した飛行第244戦隊などに比べると、飛行第50戦隊は知名度においてやや劣ることは否めない。

　しかし戦隊誌によれば参加した大きな作戦は20を数え、授与された部隊感状2回、個人感状は3名に達した。

　なにより温存策もあったとは言え終戦まで戦闘可能な態勢だったことは戦隊の精強や軍律を証明するもので、戦隊歌(その2)に歌われた「電光形の征くところ　比島の空に敵機なし」にふさわしい勇戦敢闘ぶりであった。　■

FHCAMの一式戦一型〔製造第750号機〕
発見から修復、保存の経緯

オーストラリア空軍が入手した一式戦闘機一型の存在は古くから航空雑誌などで紹介されてきた。その機体はいま、故ポール・アレン氏が創設したことで知られる博物館を安住の地としている。

〔文/清水郁郎〕

　2019年現在、フライングヘリテージ＆コンバットアーマーミュージアム (Flying Heritage & Combat Armor Museum、以下FHCAM) が所有する一式戦闘機一型は、群馬県の中島飛行機太田工場で703機生産されたうちの650番目（製造番号第750号機。製造番号と実際の製作数についてはP92からの記事参照）の機体である。FHCAMのキュレーターであるコリー・グラフによれば、1942（昭和17）年11月に製造され、ミクロネシアのトラック島を経て1942年末〜43年初めにラバウルに移動した飛行第11戦隊の機体である。この機体は1945年にラバウルのブナカナウ (Vunakanau) 飛行場で着陸に失敗して損傷するまで実戦に従事していたようだ。ブナカナウは元々はオーストラリア軍が戦争の初期に作った飛行場で、ラクナイ飛行場（東飛行場）に対して山の上にあったため、日本軍ではラバウル西飛行場や"上の飛行場"などと呼ばれており、2本の5,100ft滑走路を持ち、多くの対空砲火による厳重な防御がなされていた。

　この機体は着陸時にプロペラとエンジンを損傷。飛行場はアメリカ軍から頻繁に爆撃を受けていたため、修理のために4マイルほど離れたジャングルの中に隠されていた。

　戦争が終わると1945年9月にはオーストラリア空軍 (RAAF) がこの地区を管理し始めた。RAAFの部隊長デニス・ハミルトンはほぼ無傷の"オスカー"（Oscar。一式戦闘機の連合軍側コードネーム）がジャングルの中にあるとの噂を耳にして探し始めた。彼の日記には「程度の良い機体を探したが、ほとんどは部品を外され植物に覆われた補修用の機体しかなかった。ようやく良い状態の1機を滑走路から3〜4マイル離れたところで発見したが、分解して滑走路まで運び組み立てるには1週間程度かかるだろう」と記されている。

　「日本陸軍の補修所はジャングルの中にうまく隠され、空から発見することはまず不可能だ。それぞれの機体へは徒歩で行くことのみ可能で、その所在が分かるような道は付けられていない。加えてすべての機体はネットで擬装されていた。」

　「滑走路からかなり入ったところに隠されていたオスカーと3人の整備兵が作業をしているのを見つけた。……部下のバーリーはその場面の写真を撮ることに成功した。」

　ハミルトンは発見したオスカーを飛行場に持ってきて整備し、ニューブリテン島のジャキノー湾にある飛行場まで飛行させるつもりだったが、ことは思惑通りには運ばなかった。

▲古いファンの方はご覧になったことがある写真。かつてはオーストラリア各地で展示されていた時代がある。長い間に傷んだ機体は1994年にニュージーランドに送られ、飛行可能な状態にまでレストアされた。

▲一式戦闘機一型〔製造番号750号機〕は、アルパインファイターコレクションの手で本格的なレストアに入った。おおかたの作業を終えた機体には、各マーキングの位置が記入されている。

日記には「オスカーは滑走路の端でほぼ組み上がり、2〜3日中には飛べると思えた。……午後、フレイザーを連れてブナカナウに行くと、日本人から飛べる状態ではないと言われたので、日本の技術士官を呼び出して状況を聞いた。機体が完全には修理できないというよりも、私はどちらかというと彼らが飛ばしたくないと思っていると受け止めた。」とある。このような状況を待ちかねたハミルトンは1945年12月、機体を箱詰めして船でオーストラリアに送った。

その後しばらくは軍の管轄下でニューサウスウェルズのリッチモンドに箱のまま放置されていたが、1949年7月14日、オーストラリア戦争博物館に移管された。しかし、当時は今のように貴重な機体とは考えられておらず、同博物館は1953年に本機を売却。数人のオーナーを経て1994年、ニュージーランドのアルパインファイターコレクションがレストアを開始した。

機体には銃や榴散弾の破片によるものに加え、何人もの手を経た間の運送による多くの損傷もあった。外板を外すと、大急ぎで当てたパッチや針金で固定といった戦場での応急修理の跡がいくつも見つかった。「750」との手描きの製造番号は随所の部品に見られたが、着陸で損傷した機首周りには終戦直前の修理であったせいか、「750」の番号は見当たらなかった。尾翼には「飛行第11戦隊」の戦隊マークである稲妻が、胴体には3本の帯が確認された。日本の元操縦員に聞いたところ、赤の稲妻は飛行第11戦隊の第2中隊のものと確認できたが、帯の塗色は色褪せていてわからなかった。そのため、当初は「白」で塗装したが、修復中に来訪した元日本陸軍の操縦員が「黄色が正しく、3本の意味は飛行ポジションが3番機であることを示している」と話してくれ、翌日には黄色に修正された。

修復がほぼ終わり、1995年9月末にエンジンのテストを行なった。ハンガーから引き出し、100Lの燃料を入れ、主脚には車輪止めをかけ胴体後部を固定、消化器を持ったクルーが周りを囲んだ。スパークプラグを取り付け、スターターを回すと、2回目でエンジンは50年ぶりに息を吹き返した。

▲往時の姿を取り戻した一式戦一型は1996年のウォーバードオーバーワナカのエアショーで地上滑走を披露している間に浮き上がった。その後はその貴重さ故に飛行したことはなく、貴重な一瞬だと言えよう。

翌1996年のワナカのエアショーでは地上での滑走にとどめて飛行する計画はなかったが、残された写真を見ると地面から3フィートくらい浮いているのがわかる。つまり、動力での自力飛行をしたのである。

その後、1990年代後半はニージーランド各地のエアショーなどで展示され、1999年12月、ポール・アレンが創設したFHC(当時)に売却されワシントン州に送られた。シアトル郊外のアーリントン飛行場で展示されたのち、2007年にペインフィールドに移動した。FHCAMの展示機の中では数少ない"飛んだことのない機体"で、今後も飛行の予定はない。

修復をしたサー・ティム・ワリスの妻プルーは、FHCに売却する際の手紙に「飛行は可能だが、"ハヤブサ"は地面を離れない方がいいだろう。この機体の存在はそんなギャンブルよりもずっと大きなもの。万が一オスカーを失ったら、いま世界に残されているWWIIの歴史と貴重な日本機の大きな部分を失ってしまうことになる」と記してあったという。■

©2019 Alpine Fighter Collection/Flying Heritage & Combat Armor Museum

一式戦闘機一型の生産と
各部隊への供給

陸軍航空に翻弄された中島飛行機がようやくki43の量産機を完成させたのは昭和16年4月のこと。その供給は数珠つなぎ的に各戦隊へなされていった。

文／吉野泰貴
協力／ジャスティン・タイラン
〔https://www.pacificwrecks.com〕

　南方侵攻作戦における遠距離戦闘機として使用するため、開発半ばにしてお蔵入り寸前となっていたki43を急遽メインラインに呼び戻し、「一式戦闘機」として実らせた陸軍戦闘隊は、対米英開戦に向けて準備を始めた。

　中島飛行機では昭和16年4月に量産第1号機を完成させ、まず飛行第59戦隊が6月から8月にかけて、ついで飛行第64戦隊が8月から、九七式戦闘機からの機種改変に取り掛かった。

　ところが、未修飛行(新しい機体の操縦訓練)を終えた第59戦隊で、訓練中に主翼が折れて空中分解し、操縦者が殉職する事故が立て続けに発生。

　取り急ぎ、主翼の付け根や桁の補強などが実施されたが、結局最初の生産80機分ほどは強度不足として返品、廃棄される対象となった。

　このため、昭和16年12月8日の大東亜戦争開戦時に一式戦を装備していたのは前記した第59戦隊(一型21機、ほかに九七戦3機)と第64戦隊(一型35機)の2個戦隊に過ぎず、多くの陸軍戦闘隊はノモンハンの古豪である九七式戦闘機を装備してマレー半島やフィリピン、蘭印攻略に邁進せねばならなかった。

　なお、これまでに発表されている写真から飛行第64戦隊で使用されている製造第178号機、同194号機などが確認されている。

　各部隊への供給が本格化したのは、蘭印攻略やビルマ侵攻がひと段落し、また国民に一式戦を新型戦闘機として"隼"の愛称で発表した昭和17年3月以降のことだ。ここで飛行第24戦隊、飛行第33戦隊とともに飛行第50戦隊が一式戦一型への機種改変を実施。その際に菊池氏

製造時期		通算機数	製造番号	使用部隊	備考
昭和13年	12月	1	4301	試作機	昭和14年1月、陸軍へ引き渡し
昭和14年	2月	2	4302	試作機	
	3月	3	4303	試作機	
	11月	4	4304	増加試作機	
昭和15年		5	4305	増加試作機	
	7月	6	4306	増加試作機	
	7月	7	4307	増加試作機	
		8	4308	増加試作機	
		9	4309	増加試作機	
		10	4310	増加試作機	
		11	4311	増加試作機	
		12	4312	増加試作機	
	9月	13	4313	増加試作機	
昭和16年	4月	14	114		一型量産初号機
		〜	〜		
		78	178	64F	写真あり
		〜	〜		
		94	194	64F	写真あり／檜与平中尉機
		〜	〜		
	11月	139	239		連合軍接収／Malahang Airfield
		〜	〜		
昭和17年		288	388	明野	明野陸軍飛行学校使用／写真あり
		289	389	50F	第3中隊使用
		〜	〜		
		291	391	50F	第3中隊使用
		〜	〜		
		305	405	50F	第3中隊使用
		〜	〜		
		318	418	50F	第1中隊使用
		〜	〜		
		320	420	50F	第3中隊使用
		321	421	50F	第3中隊使用
		322	422	50F	第3中隊使用
		324	424	50F	第3中隊使用
		325	425	50F	第3中隊使用
		〜	〜		
		327	427	50F	第3中隊使用(戦隊マーク白)、第2中隊でも使用
		328	428	50F	第3中隊使用
		329	429	50F	第3中隊使用
		330	430	50F	第3中隊使用
		331	431	50F	第3中隊使用

製造時期	通算機数	製造番号	使用部隊	備考
	332	432	50F	第3中隊使用
	333	433	50F	第2中隊&第3中隊使用
	334	434	50F	第3中隊使用
	〜	〜		
	336	436	50F	第3中隊使用
	337	437	50F	第2中隊&第3中隊使用
	338	438	50F	第3中隊使用
	339	439	50F	第3中隊使用
	340	440	50F	第2中隊使用
	341	441	50F	第2中隊使用
	〜	〜		
	348	448	50F	第2中隊使用
	〜	〜		
	350	450	50F	第2中隊使用
	〜	〜		
	368	468	50F	第1中隊使用
	〜	〜		
	370	470	50F	第1中隊使用
	〜	〜		
	374	474	50F	第1中隊使用
	375	475	50F	第1中隊使用
	〜	〜		
6月	393	493	11F	連合軍接収／Munda Airfield
	〜	〜		
7月	469	569		連合軍接収／Madang Airfield
	〜	〜		
	472	572	11F	戦後確認／Ballale Airfield
	〜	〜		
	553	653		連合軍資料／crashed 1 mile southeast of Wau Airfield
	〜	〜		
	600	700		noted by Charles Darby
	〜	〜		
10月	626	726		連合軍接収／Alexishafen Airfield
11月	650	750	11F	連合軍接収／Vunakanau
	〜	〜		
11月	676	776	1F	連合軍接収／Cape Gloucester Airfield
	〜	〜		
	707	807		連合軍資料／crashed five miles SE of Wau
	〜	〜		
	716	816		一型最終生産機(量産第703号機)

が所沢を訪れて取材したのである。

P68から67にかけて、菊池氏が撮影した写真の中から黒板に製造番号と思われる機番号を記入しているものを並べたが、判明しているものだけを表のように並べてみても中隊ごと、まとめて機体をあてがっていることが読み取れる。

明野陸軍飛行学校で撮影されたことで知られる製造第388号機の次の第389号機が50戦隊に供給されていることもわかる。

このあと7月下旬から飛行第1戦隊と飛行第11戦隊が一式戦一型に機種改変を行なうが、その製造番号の一部については連合国側の残存機接収&残骸回収資料から表のようなものがわかってる。

なお、本表のはじめの部分を見ていただければわかるように一式戦の製造番号表記は試作機までが「43○○」と実際の製作順序に機体開発のki番号にちなんだ数字を冠し、量産第1号機には通算製作番号の「14」に「100」を追加した数字となっていた(二式単座戦闘機も同様で、試作機には44を冠し、量産第1号機となる「13」号機から「113」と付与)。

このほか、陸軍航空廠で51機製作された一式戦一型の製造番号は「1000」〜「1050」の番号が付与されていた。

一式戦闘機一型の生産機数がわずかに703機で終わった理由はひとえに二型の開発成功に他ならない。むしろ、生産切り替えにもたついて昭和19年まで二一型を作り続けなければならなかった零戦(中島飛行機におけるライセンス生産分。すでに五二型も並行生産していたのだが)に比べ、一式戦は1年も早く次期モデルへ切り替えることができたと見ることもできよう。

1：P66〜67の写真を見ると機体は各中隊で管理しつつ、融通しあって訓練に使用していた様子がうかがえる。
2：陸海軍が同居したバラレ島には何機かの一式戦一型の残骸(撃墜されたのではなく、飛行場に放棄されたもの)が確認されている。
3：ブナカナウ飛行場でオーストラリア軍により接収された機体、製造番号750が、現在フライングヘリテージで所有している現存機。
4：陸軍航空工廠製の一式戦闘機一型については、連合軍資料により1942(昭和17)年10月生産の「1001」が1943年8月24日に「Hansa Bay」で接収されたとある。
5：装備改変は、通常は明野陸軍飛行学校に人員を派遣し、伝習教育を受けた空中勤務者が戦隊に帰って教える側になった(戦隊全員を派遣する場合もある)。一式戦一型への伝習教育実施の様子は『鍾馗戦闘機隊2』(大日本絵画刊)掲載の「明野陸軍飛行学校戦時日誌」に記述されているので参考にされたい。

軽戦と重戦で戦った陸軍戦闘隊

第二次世界大戦に登場した戦闘機のなかで、一式戦闘機の
カタログスペックは取り立てて優れたものではない。
その背景には日本陸軍戦闘隊独特の用兵思想があった。

〔文／吉野泰貴〕

　日本陸軍は第一次世界大戦後の技術導入でようやく航空二流国の仲間入りを果たした。昭和5（1930）年には初の国内開発戦闘機「九一式戦闘機」が、ついで「九二式戦闘機」も制式制定されている。
　ちょうどその頃、明野陸軍飛行学校の教官であった楳原秀見氏（陸士38期）は、「航空工業や科学技術の分野で二流である我が国が、先進国のどんな飛行機にも負けないような万能戦闘機を開発するのは困難だ。だから、対戦闘機戦闘向けには機動力を重視した"軽戦闘機"を、対大型機向けには高速で重武装の"重戦闘機"を作り、互いを補うようにすればどうか」という意見書を昭和9年6月に次期戦闘機開発に対する考えとして提出したが、採用されなかった。これは非常に的確だが、まだ早すぎた考えといえ、「九七式戦闘機」は格闘戦重視の戦闘機として開発され、昭和14年5月に始まったノモンハン事件に参加するやソ連空軍機を圧倒することとなった。
　のちに一式戦闘機となるki43の開発が始まったのは昭和12年12月、ちょうどki27が九七式戦闘機と制式制定された頃であった。九七戦の性能には充分満足していた陸軍戦闘隊であったが、旧態依然としたスタイル、かつ欧米ではすでに引き込み式主脚を持った戦闘機が出現していることなど将来性を危惧し、すぐに次期戦闘機の開発を中島飛行機に命じたのである。
　この時、ki43に求められたのは最高速度500km/h、行動半径800km以上、運動性能は九七戦と同等以上で、武装は7.7mm機関銃2挺というもの。また、特に引き込み式主脚を採用するように明示されていた。
　中島飛行機では小山悌技師を設計主務者に太田稔技師、戦後にペンシルロケットの開発で有名となる糸川英夫技師らが加わって開発に着手し、昭和13年12月には試作第1号機を完成させた。
　ところが、陸軍側の審査は「最大速度が30km/h程度しか向上していない。旋回性能が九七戦より劣る、せっかくの引き込み脚は重量課題の原因」と自らの発注を忘れたかのような評価となった。これに、ノモンハン事件での九七戦の活躍ぶりが追い打ちをかけ、「ki43不要論」まで浮上する始末。
　一方、重戦としてki43に遅れて同じ中島飛行機により開発に着手されたki44のほうは順調に開発が進み、ノモンハン事件の後半で九七戦が高速で飛び回るソ連空軍機の一撃離脱戦法に手をこまねいたことが実現に拍車をかけた。

　昭和15年夏、陸軍戦闘隊はki44（のちの二式単座戦闘機「鍾馗」）を対米英戦争、とくに高性能が喧伝されていたイギリス空軍のスピットファイアに講ずる切り札と考えるようになっていたが、さりとて味方爆撃機の敵地長距離侵攻において、これを援護する長距離戦闘機も必要との考えにいたった。ここで急遽、ki43が浮上することになったのだ。
　改善項目として盛り込まれたのが、空戦性能向上のため蝶型空戦フラップを追加する、航続距離延伸のため、落下増槽を装備できるようにする、12.7mm機関砲の装備を考慮するといったことだった。
　こうした改善点は13号機までできあがっていたki43の試作機にそれぞれ条件を変えて試された結果、短期間のうちに実用化の域に達して昭和16年5月には「一式戦闘機」として制式制定される。肝心の九七戦に対する格闘性能は、上昇力を生かした宙返り戦法をとることで充分に対抗できるとの評価となった。
　はたして、楳原氏が昭和9年に意見した軽戦、重戦の2本立てで戦力を整備し、お互いの欠点を補うという考えが実現した形となったわけである。■

▲日本陸軍戦闘隊は軽戦と重戦の2本立てで戦闘機を整備しようと考えた。やがて技術の向上により両者の折衷ともいうべき三式戦や四式戦が登場することとなる。写真は明野陸軍飛行学校の二式単座戦闘機。
〔撮影／菊池俊吉（Negative No.0イ816）〕

編集協力／資料提供

田子はるみ
伊澤保穂／小林 昇／坂井田洋二
ジャスティン・タイラン（https://www.pacificwrecks.com）
FHCAM／アメリカ国立公文書館

執筆者紹介

●菊池俊吉（きくち・しゅんきち）

大正5(1916)年5月、岩手県花巻市生まれ。東京光芸社写真部を経て昭和16年、東方社写真部入社。雑誌『FRONT』へ撮影スタッフとして加わる。戦後は『世界』『中央公論』『婦人公論』などに写真を発表した。平成2(1991年)年11月歿。戦中に撮影した陸軍戦闘隊に関する写真は『飛燕戦闘機隊』『鍾馗戦闘機隊』『鍾馗戦闘機隊2』（いずれも大日本絵画刊）でご覧いただける。

●ジム・ラーセン（Jim LARSEN）

航空宇宙工学を専攻後、ボーイング社でSSTやC-14、B-2、また7X7などの開発や、アンリミテッドの大戦機レースマシンの開発にも携わった航空技術者。65年来の航空写真家で、日本の航空誌にリノエアレースを紹介したことでも知られる。本書カラーページのFHCAMの一式戦闘機の写真は彼の撮影によるもの。

●清水郁郎（しみず・いくお）

昭和22年(1947)年生まれ。伊丹がまだ基地だったころ飛行機の世界と出会い、航空・宇宙に挑戦してきたプロジェクトや人々に焦点を当ててきた。本書ではFHCAMの一式戦闘機の記事を執筆したほか、ラーセン氏やFHCAMとのコーディネートを担当。航空ジャーナリスト協会会員。

●佐藤邦彦（さとう・くにひこ）

昭和21(1946)年、岩手県生まれ。模型雑誌『モデルアート』で「日本機大図鑑」を連載していることで知られるが、古くからタミヤの人形改造コンテストに出品する常連モデラーでもある。実父の佐藤繁雄氏は飛行専修予備学生第13期出身の「紫電乗り」だった。近著に『イラストで見る日本陸・海軍機大図鑑③ 零戦と黎明期の日本海軍機編』（モデルアート刊）がある。

●松田孝宏（まつだ・たかひろ）

昭和44(1969)年生まれ、東京都出身。ミリタリー関係だけでなく、アニメ、特撮などオタク系のジャンルで活躍するフリー編集者兼ライター。近年は『ネイビーヤード』（大日本絵画刊）、『雑誌 丸』（潮書房光人新社刊）、『ミリタリー・クラシックス』（イカロス出版刊）ほかに寄稿している。
近刊に『奮闘の航跡「この一艦」2』（イカロス出版刊）がある。

●吉野泰貴（よしの・やすたか）

昭和47(1972)年生まれ、千葉県出身。都内の民間企業に勤務の傍ら、ライフワークとして戦史研究を行なっている。
著書に『流星戦記』『日本海軍艦上爆撃機彗星 愛機とともに(1)(2)』『海軍戦闘第八一二飛行隊』『潜水空母 伊号第14潜水艦』（いずれも大日本絵画刊）など。

所沢飛行場の一式戦闘機（撮影／菊池俊吉）

The Hayabusa Fighter Group, The Pictorial Brief History of the 50th Sentai
隼戦闘機隊 陸軍戦闘隊の花形 飛行第50戦隊

発行日	2019年5月19日　初版　第1刷
撮影	菊池俊吉
カラーイラスト	佐藤邦彦
装丁	梶川義彦
発行人	小川光二
発行所	株式会社 大日本絵画 〒101-0054 東京都千代田区神田錦町1丁目7番地 TEL.03-3294-7861（代表） http://www.kaiga.co.jp
編集人	市村 弘
企画／編集	株式会社アートボックス 〒101-0054 東京都千代田区神田錦町1丁目7番地 錦町一丁目ビル4階 TEL.03-6820-7000（代表） http://www.modelkasten.com/
印刷・製本	大日本印刷株式会社

Copyright © 2019 株式会社 大日本絵画
本誌掲載の写真、図版、記事の無断転載を禁止します。
ISBN978-4-499-23262-3 C0076

内容に関するお問合わせ先：03（6820）7000　（株）アートボックス
販売に関するお問合わせ先：03（3294）7861　（株）大日本絵画